2022 年辽宁省教育厅基本科研项目（面上项目）（22-1146）资助

含水煤样静动断裂力学特性及机理试验研究

张美长　著

中国矿业大学出版社

·徐州·

内 容 提 要

水是影响煤矿安全、高效生产最活跃的因素之一,对煤炭开采具有双重力学作用。一方面,煤层注水是厚煤层开采、防治冲击地压和煤与瓦斯突出、降低粉尘等的重要工业性措施;另一方面,地下水渗透会造成顶板大面积垮落、矿井突水等灾害。此外,水会导致构造软化,易诱发矿震等动力灾害。因此,深入研究含水煤的力学特性及其变化规律,对于防止矿井灾害事故的发生和指导优化注水或水力压裂参数都具有重要的理论和实际价值。

图书在版编目(C I P)数据

含水煤样静动断裂力学特性及机理试验研究 / 张美
长著. — 徐州 : 中国矿业大学出版社,2024.6.
　　ISBN 978 - 7 - 5646 - 6310 - 0

Ⅰ. TD326

中国国家版本馆 CIP 数据核字第 2024W50Q57 号

书　　名	含水煤样静动断裂力学特性及机理试验研究
著　　者	张美长
责任编辑	杨　洋
出版发行	中国矿业大学出版社有限责任公司
	(江苏省徐州市解放南路　邮编221008)
营销热线	(0516)83885370　83884103
出版服务	(0516)83995789　83884920
网　　址	http://www.cumtp.com　E-mail:cumtpvip@cumtp.com
印　　刷	江苏凤凰数码印务有限公司
开　　本	787 mm×1092 mm　1/16　**印张** 8.75　**字数** 160 千字
版次印次	2024 年 6 月第 1 版　2024 年 6 月第 1 次印刷
定　　价	50.00 元

(图书出现印装质量问题,本社负责调换)

前　言

　　水是影响煤矿安全、高效生产最活跃的因素之一，对煤炭开采具有双重力学作用。一方面，煤层注水是厚煤层开采、防治冲击地压和煤与瓦斯突出、降低粉尘等的重要工业性措施；另一方面，地下水渗透会造成顶板大面积垮落、矿井突水等灾害。此外，水会导致构造软化，易诱发矿震等动力灾害。因此，深入研究含水煤的力学特性及其变化规律，对于防止矿井灾害事故的发生和指导优化注水或水力压裂参数都具有重要的理论和实际价值。

　　目前国内外很少有涉及含水煤体的断裂力学行为的研究。为此，本书以"含水煤样＋静/动载荷"失稳断裂为工程背景与研究主题，综合运用理论分析、室内试验和数值模拟等手段，研究含水率为 0、1.8%、3.6%煤体的单轴和常规三轴压缩试验、巴西劈裂试验下的力学特征，复合断裂静力学特性，水对煤样动态断裂韧度及裂纹扩展速度的影响，最后探讨了煤饱水后的微细观结构对宏观力学性能的影响机制，研究结果为含水煤体失稳断裂机制、动力灾害防治等提供理论基础和技术参考。主要结论如下：

　　（1）基于 RMT-150C 试验系统，开展单轴压缩试验和常规三轴压缩试验，研究含水率对煤样拉伸和压缩力学性能的影响。获得了含水率与煤样抗拉强度、单轴抗压强度和弹性模量之间的关系表达式。分析了不同围压下煤样三轴压缩强度、弹性模量与含水率的变化规律，研究了水对煤样应力-应变关系曲线特征和破坏模式的影响。定量分析并得到了不同含水率时煤样内摩擦角和黏聚力的损失率。

　　（2）通过非对称加载的半圆盘弯曲（ASCB）试验，研究水对煤样

· 1 ·

复合断裂韧度、起裂角和破坏模式的影响。获得了含水煤试样纯 I 型、纯 II 型断裂韧度损失率,得到 K_{IIc}/K_{Ic},分析了考虑拉应力的复合断裂准则对复合断裂韧度的拟合精度,建立了煤样在不同混合度情况下最大环向应力预测的起裂角与实测值之间的关系。分析对比了 NSCB 试验与 ASCB 试验的优缺点。

(3)针对含水半圆盘煤样等低强度材料,分析了传统 SHPB 试验存在的透射波弱等问题,并提出了相应的解决方案。试验使用铝制入射杆和透射杆实现阻抗匹配,使用带底座支架的铝制透射杆来降低透射波的衰减,并结合纺锤型冲头获得稳定的可重复加载的半正弦波形,消除波形振荡,最终获取较大的透射波信号。

(4)基于修改后的 SHPB 试验系统,开展了不同含水煤样的动态断裂试验,并通过裂纹扩展计(CPG)和高清摄像系统监测了裂纹扩展和破坏情况,研究了动力扰动下水对断裂韧度、裂纹扩展速度及破坏模式等力学特性的影响机制。获得煤试样断裂韧度的率相关性,定量分析了一定加载率下水对煤样动态裂纹扩展速度的影响,得到了不同加载时刻煤试样的应变变化特征和破坏行为。

(5)基于电镜扫描技术的煤样微观结构特征和通过超声波检测仪获得的纵波波速特征,获得了不同含水率煤样内部的微细观结构和纵波波速值,得到了浸水前、后煤样纵波波速与含水率的变化规律。通过核磁共振技术,获得了煤样的孔隙率和弛豫时间(T_2)曲线的分布特征,建立 T_2 谱峰值幅度、谱峰面积、第二峰所占比例与含水率之间的关系式。最后结合试验结果和国内外研究结果,从微观角度探讨了水的弱化机理和增强作用机理。

作 者

2023 年 12 月

变量注释表

w	试样含水率
m_t	浸水后试样质量
m_d	浸水前试样质量
σ_x	巴西圆盘所受拉应力
σ_y	巴西圆盘所受压应力
τ_{xy}	巴西圆盘所受剪应力
t	试样厚度
D	试样直径
P_f	试样断裂载荷
σ_t	试样抗拉强度
E	弹性模量
ν	泊松比
σ_c	试样单轴抗压强度
φ	煤体内摩擦角
C	煤体黏聚力
θ	裂纹尖端为圆心区域的方位角
r	裂纹尖端的极半径
σ_{rr}	极坐标下的径向应力
$\sigma_{\theta\theta}$	极坐标下的切向应力
$\tau_{r\theta}$	极坐标下的剪切应力
J	应力场产生的积分
$\boldsymbol{K}$	应力强度因子矩阵
$\boldsymbol{B}$	能量因子矩阵
θ_0	裂纹起裂角度
r_c	断裂过程区尺寸
K_I	Ⅰ型应力强度因子
K_{II}	Ⅱ型应力强度因子
σ^t	拉应力
σ^*	拉应力系数

表(续)

Y_{I}	Ⅰ型几何因子
Y_{II}	Ⅱ型几何因子
a	裂缝长度
R	试样半径
$K_{\text{I}c}$	Ⅰ型断裂韧度
$K_{\text{II}c}$	Ⅱ型断裂韧度
ρ_e	弹性杆密度
A_s	试样的横截面面积
l_s	试样的长度
C_e	弹性杆的波速
E_e	弹性杆弹性模量
A_e	入射杆的截面面积
Y'	动态几何因子
α_a	跨距与试样直径的比值
$\varepsilon_{\text{I}}(t)$	入射波信号
$\varepsilon_{\text{R}}(t)$	反射波信号
$\varepsilon_{\text{T}}(t)$	透射波信号
$K_{\text{I}d}$	Ⅰ型动态断裂韧度
$\dot{K}$	加载率
γ	旋磁比
G	磁场强度
T_{E}	回波时间
$\left(\dfrac{S}{V}\right)_{\text{孔隙}}$	孔隙表面积与流体面积比值
ρ_1,ρ_2	表面弛豫强度

目　　录

1　绪　　论

1.1　研究背景

中国能源中长期发展战略研究指出:受中国能源资源禀赋的制约,煤炭的主体能源地位短期内难以发生改变,2020 年煤炭消费量的占比维持在 60% 左右,2050 年在 40% 左右[1]。因此,煤炭资源在我国国民生产中将长期占据重要地位[2-3]。地质构造分析表明:煤是一种特殊的沉积岩,具有典型的非连续、非均质和各向异性等特征[4]。一方面,经过复杂的构造运动和成岩演变后,煤岩内部包含大量的天然裂隙和孔隙[5];另一方面,工程开挖卸荷会改变煤体的应力状态,引起煤体应力的重新分布和边界条件的改变,导致煤体内部微裂隙的萌生和扩展[6]。煤炭开采除了受地质构造等作用外,水是影响煤炭高效、安全开采的最活跃的因素之一,对煤炭开采具有双重力学作用。一方面,煤层注水可以作为防治冲击地压、煤与瓦斯突出和煤尘爆炸等灾害的有效措施之一[7];另一方面,地下水在导水裂隙中渗透可能造成顶板大面积垮落、矿井突水等灾害[8],特别是在深部含水层发育强烈的地区,由于地质条件极其复杂,突发性的涌水灾害时有发生,严重制约着煤炭的安全开采。此外,水还会导致断层软化,造成断层滑移,可能诱发矿震等动力灾害[9]。因此,水对煤体力学特性的影响引起了煤炭开采工程师们的高度重视。

山西煤炭进出口集团左云韩家洼煤业有限公司开采的 22 号煤层厚度为 7.14～15.82 m,平均厚度为 11.61 m。煤层倾角为 2°～6°,顶、底板分别为细砂岩、砂质泥岩。煤体强度较大,其抗压强度为 22.32～32.75 MPa[10]。煤层具有煤尘爆炸性。在井田西部 22 号煤层揭露 5 条落差为 2～8 m 的正断层;1 条落差为 10 m 的正断层。井田东南部新揭露大小断层 40 余条。这表明 22 号煤层在开采过程中不可避免地会穿过断层。由于断层的存在,附近煤体中会出现应力集中,容易出现煤体动力失稳现象。为了防止这些灾害的发生,煤层注水成为工作面降尘和降低断层附近煤体冲击倾向性最经济、简单的有效措施。此外,韩家洼煤矿的正常涌水量为 500 m³/d,太原组含水层中的水和上组煤层采空区积水极易通过垮落带和导水裂缝带等通道渗入煤层回采工作面,对煤层开采构成一定的威胁[11]。基于上述原因,开采过程中 22 号煤层不可避免地会吸收水分,即煤具有一定的含水量(以下简称含水煤样)。水的存在会导致煤体内部结构发生改变,从而影响煤岩力学性质,同时会改变巷道周边的应力状态。然而,目前很少有研究涉及含水煤样的断裂力学特性。

随着对煤体断裂失稳问题的研究不断深入,人们发现煤体断裂失稳除了受静应力的影响外,还与动载荷有密切关系[12-13]。在煤炭资源开采过程中,动力扰动源普遍存在,如坚硬煤体卸压爆破、基本顶的周期断裂、煤与瓦斯突出或者冲击地压、采煤机破煤时的机械扰动等(图 1-1)。这些动载荷携带能量,以应力波的形式扩散传播,这使得煤体不可避免地会受到应力波作用的影响,应力波会诱发或者加剧煤体动力失稳破坏的发生,成为煤体失稳断裂的重大诱因。现有研究表明:煤体在受到动载、静载作用时,其力学特征存在明显差异,如裂纹在动载作用下响应更为敏感,扩展速度更快。因而,在一定的条件下,微小的扰动都可能诱发煤体的失稳断裂,从而造成工程灾害的发生。因此,亟待研究含水煤样的动态断裂力学特性。

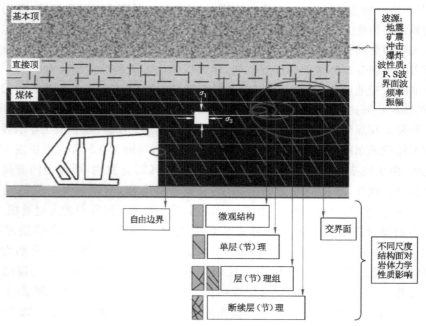

图 1-1 矿山岩体不同尺度结构面及动力扰动示意图[6]

综上所述,本书将以"含水煤样＋静/动载荷"断裂失稳为工程背景与研究主题,首先研究不同含水率煤样单轴和常规三轴压缩试验、巴西劈裂试验下的力学特征,复合断裂特性,然后基于改进后的 SHPB 试验系统,分析水对煤样动态断裂韧度、裂纹扩展速度等力学特征的影响,最后通过电镜扫描、超声波测试仪、核磁共振等试验,从微观角度揭示含水煤样的损伤机理,以及水对煤样宏观力学行为的影响机制研究。研究结果可为含水煤岩体失稳断裂机制、动力灾害防治等提供理论基础和技术参考。

1.2　国内外研究现状

1.2.1　干燥状态下煤岩的动态力学性质研究现状

在矿山开采、水利水电建设等岩体工程领域,岩体不可避免会受到爆破冲击、机械扰动等动载荷的作用[12-13]。室内实验室研究材料的动态力学性能的主要设备有 SHPB 试验系统和落锤试验系统等,与落锤试验机相比,SHPB 试验设备操作简单、系统较为稳定,因此,SHPB 试验系统被广泛应用于研究岩石、混凝土和金属等材料的动态力学特征[13-14]。杨仁树等[15]进行了不同层理倾角下的砂岩动态巴西圆盘试验,并结合数字图像相关方法获得了圆盘试件变形场的演化云图,发现层理面与加载轴线之间的夹角对层状砂岩的变形破坏有显著影响。蔚立元等[16]首先通过循环加卸载试验制备了不同损伤程度的大理岩试样,然后基于 SHPB 试验研究了含不同损伤大理岩的动态力学特征。E. Cadoni[17]发现片麻岩的动态拉伸强度随着应变率的增大而增大,最大可达到准静态条件下的 3 倍。实际工程中,围岩体在承受动态载荷之前往往处于一定的静应力环境中,即"静应力＋动力扰动"组合应力状态,如图 1-2 所示。为了解决这个实际工程问题,李夕兵等[12,18-20]提出岩石动静组合加载理论,并通过改进后的 SHPB、真三轴扰动诱导等试验系统进行了一系列的岩石动态试验,为深部岩体灾害的发生机制研究及防治提供了一种的新的思路。宫凤强等[21]基于改进后的 SHPB 试验系统,研究了不同应变率和轴压比下砂岩的力学特征,发现在同一应变率下,砂岩的动态压缩强度随着轴压比增大呈下凹形,都在轴压比为 0.6～0.7 时,砂岩动态压缩强度达到最大值。这些研究为理解煤的动态力学性质奠定了基础。

与岩石相比,基于 SHPB 试验系统对煤的力学特征的研究要晚,直到 20 世纪 70 年代,美国的 Sandia 实验室才开始对煤体的动态力学特征进行了研究[22]。1984 年,J. R. Klepaczko 等[23]研究了不同应变率时煤的弹性和黏弹性特征,发现中低应变率时煤的弹性特性对应变率显示出适当的敏感性,而在高应变率时,弹性模量和微裂纹萌生的应力水平都表现出极高的应变率敏感性,并且是应变率的线性函数。1987 年,吴绵拔等[24]研究了不同应变率时山西阳泉煤样的力学性质,发现煤样的动态力学参数(抗压强度、抗拉强度及变形模量)具有较强的

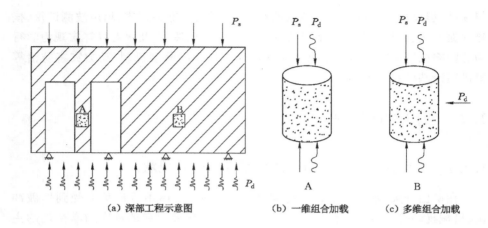

（a）深部工程示意图　　　（b）一维组合加载　　（c）多维组合加载

P_s—静载荷；P_d—动载荷。

图 1-2　深部岩体受力模式示意图[12]

率相关性。单仁亮等[25]研究了云驾岭煤矿无烟煤动态本构模型，并采用数值模拟进行了验证，发现煤的动态本构曲线具有显著的塑性屈服特征，无烟煤的力学特征表现出很强的应变率相关性。李成武等[26]基于 SHPB 和瞬变磁振试验系统，结合理论分析，研究了煤动态破坏过程中瞬变磁场变化规律，尽管试验结果存在离散性，但是瞬变磁场变化特征仍然与煤体动力学特征存在一定的联系。刘晓辉等[27]研究了芙蓉白皎煤矿 22 区工作面机巷煤的动态性质，发现煤岩破碎块度分维与应变率呈线性相关，分形维数在 1.7～2.2 范围内，应变率越大，块度越小，分形维数越大，煤岩耗散能量越大。刘少虹等[28]获得组合煤岩的动态强度和碎片分维随动静载荷的变化规律，并定量分析了单一煤样与组合煤体的破坏特征，发现结构特征在不同载荷作用下具有不同的结果，煤体的结构与煤层自身特征都对煤层的冲击倾向性评价和冲击地压防治具有重要的作用。

近年来，煤的动态力学特性的研究仍然是人们研究的重点。李明等[29]研究高应变率时煤的力学性质，发现随着应变率的升高，煤试样的破坏程度越显著，并存在一定区间段的应变率，此时煤样破坏程度对应变率的敏感性最为显著。张文清等[30]用 $\phi75$ mm 霍普金森压杆 SHPB 试验装置，对煤岩试件进行不同应变率条件下的冲击压缩试验，分析了冲击速率对煤岩破碎耗能和块度分布的影响。王登科等[31]研究了山西镇苇町矿煤样力学特征的应变率相关性，并结合分形理论重点分析了煤样破坏后的块度特征。王恩元等[32]对山西寺家庄煤矿煤开展了不同围压和轴向载荷的冲击试验，分析应力-应变关系曲线、强度、峰值应变与应变率的关系，并提出了考虑 3 因素（围压、轴向载荷和动载荷）的动力学本构模型。

由上述干燥(自然)煤岩的动态力学研究现状可知:人们主要从不同冲击载荷、轴向静载和围压下煤岩的弹性模量、峰值强度(应变)、破坏特征、能量耗散和本构方程等方面进行研究,这些研究成果为理解煤岩断裂失稳机理等方面提供了参考。从这些研究成果中也可以发现一点:煤体的力学性能对应变率(加载率)敏感性存在阈值,图 1-3 为 Q. B. Zhang 等[13]总结的归一化的岩石压缩强度与应变率的关系。当应变率(加载率)低于阈值时,煤的力学性能对应变率的敏感性较低,当应变率(加载率)高于阈值时,煤的力学性能对应变率有明显的敏感性。

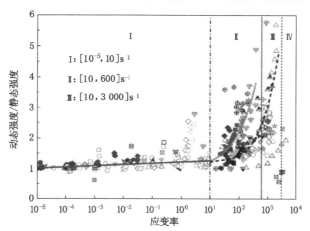

图 1-3　归一化的岩石压缩强度与应变率的关系图[13]

1.2.2　含水煤岩的动静力学性质研究现状

煤体的力学性质不仅与应力环境影响相关,还与其赋存环境有着密切的联系。地下水作为赋存环境因素之一,会对煤体产生软化、溶蚀和水楔作用[33],影响煤体的力学性质,威胁工程的稳定性。此外,煤炭开采过程中许多人为的水力措施[9-11](如煤层注水、水力冲孔)的使用,也会影响煤体的变形和破坏。因此,水对煤体力学特征的影响机制,成为国内外学者研究的热点。下面从静载和动载两个方面介绍含水煤体力学性质的研究现状。

静载荷作用方面:来兴平等[34]研究单轴压缩情况下不同含水煤体的力学特性、能量释放规律、破坏模式,并基于能量贡献率与振铃计数贡献率计算准则拾取关键孕灾声发射信号,发现水能够明显弱化煤的峰值强度、峰值应变、弹性模量和改变其破坏模式。Y. B. Liu 等[35]采用立方体煤试样研究完整煤和压裂煤的渗透率演化规律,分析煤的几何形状、吸水率和应力条件对煤渗透率的影响,研究发现压裂煤的渗透率各向异性比完整煤的更明显,煤中水的存在会降低渗透率达到一个数量级。Q. L. Yao 等[36]研究了不同含水煤的强度特征,发现含水率与峰值应变呈正相关,与峰值强度呈负相关,并推导出了反映含水率的本构损伤模型。苏承东等[37]采用千秋煤矿 2# 煤层试样,进行自然和饱水 7～28 d,研究饱水时间对煤体的力学性质与冲击倾向性指标的影响,发现饱水后煤样的冲击倾向性大幅度下降,中等冲击倾向性转变为弱冲击倾向性,并对千秋煤矿煤层注水时间和距离给出了具体的数值。潘俊锋等[38]研究了不同浸水时间与煤体冲击倾向性能的相互关系,发现浸水时间对煤样冲击倾向性的影响不同,受煤层非均质性、各向异性等特征的影响,浸水后煤层冲击倾向性存在较大差异,但可以粗略反映并指导煤层注水防冲方法。逢焕东等[39]结合煤与瓦斯突出现象,通过数值计算方法揭示了水对突出的抑制作用,发现合理利用水,注水降低煤体中积蓄的变形能,可以降低煤与瓦斯突出风险。王有熙等[40]基于能量耗散原理,分析了注水过程中煤样力学特征与能量耗散的内在联系,推导出了有围压下注水过程中煤体损伤破裂的注水压力临界值,并分析了影响该临界值与地应力、煤体的力学性质的相互关系。刘谦等[41]基于电镜扫描和低场核磁共振技术,分析了煤样在不同液侵后的微细观结构和孔隙变化规律,并采用曲线相似度法分析了孔径与束缚流体饱和度的相似度。孟召平等[42]研究了水对五种煤系沉积岩的力学特征和冲击倾向性的影响,并基于脆性指标,分析了含水率对岩石弹塑性变形的影响,进而探讨了含水率对岩石冲击倾向性的影响机制。熊德国等[33]研究了煤系地层岩石(砂岩、砂质泥岩和泥岩)在饱水和围压共同作用下的软化特性,发现饱水后 3 种岩石试样的黏聚力均有不同程度降低,而摩擦系数大致保持不变。

动载荷作用方面:S. Huang 等[43]研究了一个简单的力学模型,定量解释饱水和干燥的砂岩应变率敏感性的差异。袁璞等[44]研究了四种含水煤矿砂岩的动态力学特征,发现裂纹动态扩展阻力与砂岩试件含水率密切相关,含水率越大,其扩展能力越强,砂岩动态单轴抗压强度随试件含水率呈幂函数增长。王文等[45]基于改进后的 SHPB 试验装置,进行了饱水 0～7 d 煤样的冲击试验,分析含水煤体在不同轴压和动载荷作用下的能量耗散规律和破坏特征。此后,他又通过蒙纳什大学的真三轴动静组合霍普金森压杆系统(图 1-4)对自然和饱水 7 d 的 52 mm×52 mm×52 mm 立方体煤样进行分组试验[46],探讨了中间主应力变化及煤样含水状态对其动态强度的影响特征,发现煤样的破坏过程在相同动载冲击作用下表现出应力约束依赖性。

Y. X. Zhao 等[47]基于 SHPB 试验系统,研究了干燥和饱水条件下煤的拉伸破坏特征,分析了不同冲击速度、煤的层理方向和加载率之间的关系,发现饱水试样的拉伸强度大于干燥试样的,饱水煤样对加载率更敏感,而层理方向对动态

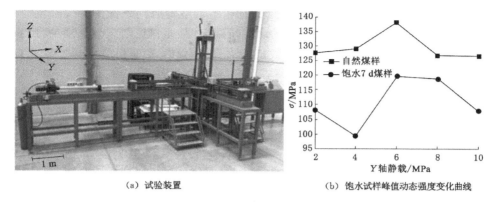

（a）试验装置　　　　　　　　（b）饱水试样峰值动态强度变化曲线

图 1-4　真三轴动静载的霍普金森冲击加载试验系统及试验结果[46]

拉伸强度的影响较小,两种试样的破坏模式差别不大。H. L. Gu 等[48]研究了含水率和孔隙率对煤的动力学影响,发现含水率对煤的强度影响可分为两个阶段,即存在最优含水率,当煤体含水率小于最优含水率时,动态强度随着含水率的增大而增大,反之,动态强度随着含水率的增大而减小,并基于液桥力讨论了孔隙率和含水率对煤的动态力学性能的影响。

由含水煤岩的动静态力学研究现状可知:静载作用下含水煤岩的研究成果有很多,但饱水煤岩的动态力学特征方面的研究成果很少,特别是对饱水煤样的研究,其力学损伤机制还没有达成共识,因此有必要进一步深入研究饱水煤岩的力学性质。

1.2.3 煤岩的动态断裂力学特征研究现状

断裂韧度是描述脆性材料对裂纹扩展阻力的重要参数,其值可以反映脆性材料抵抗裂缝扩展的难易程度[49]。断裂相关力学参数受加载率的影响巨大,比如大理岩,其动态断裂韧度比静态的增大约 2.6 倍[50],有时甚至增大一个数量级。此外,裂纹在动力扰动下的响应更为敏感,扩展速度更快,裂纹延伸扩展就会导致煤体结构的失稳破坏,煤炭资源开采过程中,煤与瓦斯突出、冲击地压和顶板大面积来压等灾害都与煤体断裂失稳密切相关。因此,研究动力扰动下煤岩的断裂力学行为具有重要的意义。

研究岩石动态断裂力学特征的方法有很多,如 F. Dai 等[51]采用人字形巴西圆盘(CCNBD)研究 Laurentian 花岗岩断裂过程中的相关参数,包括起裂断裂韧度、断裂能、断裂扩展韧度和断裂速度等。Q. Z. Wang 等[52]研究了不同孔径平台巴西大理岩圆盘(HCFBD)的动态断裂韧度,发现断裂韧度随着孔径的增大而增大,其尺寸效应取决于断裂过程区长度和断裂孕育时间。Q. B. Zhang 等[53]研究了大理岩半圆盘试样(NSCB)的动态断裂韧度,并根据断裂力学理论,用微观模型调查内部穿晶和沿晶行为,发现动态断裂韧度、表面粗糙度与加载率有关。四川大学朱哲明团队[54-58]基于实际工程,构造多种类型试样(如TWSRC[54]、SCT[55]、VB-SCSC[56]、SCSCC[57]、ISCSC[58])采用试验研究了不同材料的断裂力学行为(图1-5),比如Ⅰ/Ⅱ型及复合型断裂韧度、裂纹扩展速度等,研究成果为工程岩体断裂失稳机理提供了参考。L. Zhou 等[54]对具有径向裂纹采用(TWSRC)试样进行了落锤试验,研究Ⅰ型和Ⅰ/Ⅱ型混合裂纹的动态断裂行为,发现破坏模式为Ⅰ型裂纹时,裂纹沿先存在的裂纹方向传播,而混合模式的Ⅰ/Ⅱ型裂纹则以一定的角度在早期形成机翼裂纹,最后沿主应力方向延伸。

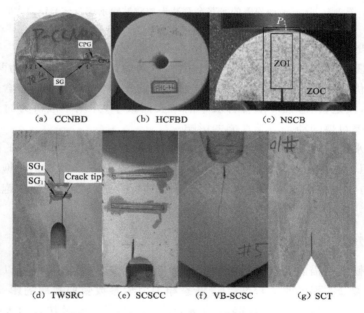

(a) CCNBD　　(b) HCFBD　　(c) NSCB

(d) TWSRC　(e) SCSCC　(f) VB-SCSC　(g) SCT

图1-5　研究岩石动态断裂的各种构型试件

在煤的动态断裂力学性质研究方面,J. R. Klepaczko 等[23]采用楔形的加拿大煤样研究不同加载率时煤的断裂韧度,发现煤的动态断裂韧度是静载断裂韧度的12.85~13.05倍。R. K. JR. Zipf 等[59]研究了煤在不同加载速率下的混合型断裂韧度,分析了不同方向、加载方式和加载速率对断裂韧度的影响。单仁亮等[60]基于SHPB试验系统,研究了无烟煤的动态断裂韧度的率相关性,推导出了新型构件的动态断裂韧度计算公式,研究发现存在临界加载率,当加载率大于临界值时,断裂韧度随着加载率增大而逐渐增大,而加载率低于临界值时,断裂韧度增大速度变缓。龚爽[6]研究了不同层理煤样的动态断裂韧度、断裂能、能量耗散规律和破坏后的分形特征,发现煤样的动态韧度为静态断裂韧度的 3.52～8.64 倍,断裂能随着子弹速度的增大而增大,而断裂能量耗散率随着子弹速度增大而减小。赵毅鑫等[61]基于分离式霍普金森压杆试验和连续-非连续单元法的数值模拟,研究了 3 种不同裂缝长度的 NSCB 煤样的动态断裂裂纹萌生、扩展和贯通的渐进破坏过程。

由上述煤岩的动态断裂力学特征研究现状可知:针对岩石的动态力学特征研究受到国内外学者的广泛关注。与大多数岩石不同,煤是一种多孔、多裂隙的介质,目前对煤样的研究并不是很多,特别是水对煤样断裂扩展速度的影响等方面的研究。能够准确获得含水煤体的断裂力学参数,对煤岩断裂失稳机理、煤与瓦斯突出和冲击地压防治具有重要的理论意义。

1.2.4　水对煤岩损伤劣化机理研究现状

从宏观角度来看,水的作用会影响岩石抗压强度、抗拉强度和剪切强度、弹性模量、流变特性、断裂韧度等宏观力学性质,而水首先作用于岩体的矿物组成与微细观结构,许多研究结果表明:岩石内部微细观损伤的累积是导致其宏观破坏的根本原因[62]。因此,国内外许多学者从微观角度来研究水对岩体的损伤劣化机理。

常见的微细观研究工具主要有电镜扫描、核磁共振技术、CT 扫描、偏光显微镜等。纪洪广等[63]、宋朝阳等[64]通过 SEM 扫描电镜分析了弱胶结饱水岩石软化过程中的细观结构变化及断裂形貌,发现颗粒与颗粒的接触界面、颗粒与胶结物质界面的黏结失效是导致岩石劣化的关键因素。宋勇军等[65]、Z. Zhou 等[66]采用核磁共振技术调查了不同含水率时的孔隙分布情况,发现岩石的力学性质随着孔隙增加明显弱化。王俐等[67]通过 CT 扫描试验,基于 CT 均值及其变化以及 CT 图像,研究了初始饱水状态、冻融循环对红砂岩损伤演化机制,发现相同含水率时水对其内部造成的损伤区域并不相同,冻融循环对红砂岩损伤的差异性主要取决于初始饱水状态。尹晓萌等[68]分析了不同含水状态下武当群片岩波速各向异性特征,并结合偏光显微镜、扫描电镜下 3 类岩样的矿物组成与微观结构特征,探讨水对波速各向异性的影响机制。

由于煤具有多孔、多裂隙的特性,这些微观测量手段被广泛用于测量煤的微细观结构。J. Huang 等[69]采用核磁共振技术研究微波对煤样品岩石物理特性的影响,并用大孔和裂隙比例变化、变化孔隙率和水分损失率三个指标评估了微波对孔结构的影响,发现孔隙尺寸、水孔隙率和水分损失率随着微波功率和照射时间的增加而增大。此外,他们通过 SEM 发现微波导致新裂缝的发生和已存在裂缝的扩展。L. Qin 等[70]也通过核磁共振技术研究了液氮不同冷冻时间时煤体的孔隙结构、孔隙率和渗透率的变化情况。王长盛等[71]采用高精度 Micro-CT 扫描技术分析了新巨龙煤矿的样品的裂隙结构。根据 CT 图像中裂隙周边 CT 数分布规律和三维可视化技术,对煤岩裂隙开度、分布和空间配置等参数进行精细表征。王登科等[72]采用工业 CT 扫描系统,对河南焦作赵固二矿煤样在单轴压缩破坏过程中进行 CT 实时扫描试验,有效地定性和定量描述受载煤样内部裂隙动态发展的总体变化规律。此外,聂百胜等[73]从微观角度来研究煤的表面自由能的力学特征和煤吸附水的微观机理,发现煤与水分子的吸附是内部水分子和煤表面的相互吸引的结果,作用力主要包括分子间力和氢键。高正阳等[74]研究了 4 种煤阶煤分子表面吸附水分子的微观机理,发现煤分子与水分子间最大相互作用能为 −11.91 kcal/mol,且作用力个数和弱相互作用力类型共同决定了相互作用能的大小。

目前对在水-煤物理作用下的煤动力学研究较少,特别是从微观角度等对宏观煤动力学性能的影响研究还有待深入。H. L. Gu[75]、王文[76]通过 SEM 得到了不同含水率时的煤样微观结构,并根据结果分析了水对煤样的动态抗压强度的影响机制,但没有涉及其他微观测量手段对宏观动力学的影响。由含水岩石、混凝土的动力学研究可以得知:动载作用下,当含水岩石(混凝土)表现出更强的应变率效应时,不同的冲击载荷必然会导致岩石(混凝土)力学性质和变形破坏特征的变化。杜彬等[77]研究了干湿循环对岩石动态拉伸力学性能的影响,试验结果发现存在一个临界加载速率,不同干湿循环次数后的试样力学特征与临界速率密切相关,当加载速率小于临界值时,红砂岩动态拉伸强度随着加载速率的增大而提高,当加载速率超过临界值时,红砂岩动态拉伸强度基本保持不变。H. L. Wang 等[78]研究了饱水混凝土的压缩和拉伸力学性质,发现静态作用下饱和混凝土的抗压强度比干混凝土的小,但是在一定加载率下,饱水混凝土的动态强度大于干燥状态下的值。D. Zheng 等[79]考虑了自由水黏度和惯性效应两个方面因素,研究动态强度与起裂时间、应变率之间的关系,发现 Stefan 效应会提高动态强度,为混凝土试样的应变率相关性提供了解释。王斌等[80]研究了开阳磷矿自然风干和饱水状态下砂岩的动态压缩特性,发现饱水砂岩比自然风干砂岩表现出更强的应变率敏感性,水对砂岩动态破坏特征产生了影响,研究饱水砂岩的动态强度增强机理必须考虑 Stefan 效应和自由水黏度的影响。周子龙等[81]基于 SHPB 试验系统研究了干燥和饱和状态下的标准圆柱体、巴西圆盘试验和 NSCB 砂岩试样的率相关性,并结合相关理论,讨论了饱水强度增强效应的内在机制。

1.2.5 需要进一步研究的科学问题

由上述国内外研究现状可以看出:煤样力学性能的相关科学问题一直是国

内外学者广泛关注的热点和难点,经过长时间的研究,取得了一系列科研成果。然而,随着煤炭资源深部开采常态化,地质条件越来越复杂,开采难度也越来越大,煤体灾害问题仍然很突出。水是影响煤炭开采最活跃的因素之一,一方面作为防治冲击地压、煤尘等灾害的有效措施,另一方面可以改变煤的微观机构,导致煤体弱化并可能导致灾害的发生。因此,水对煤的双重作用引起了工程界技术人员的高度重视,但是目前有关含水煤体的力学性能的研究还有所欠缺,主要表现在以下几个方面:

(1) 不同含水状态下煤样的复合断裂力学特征的研究。实际工程中煤体的受力特征十分复杂,裂缝尖端往往同时承受剪应力和拉应力的双重影响,大多数产生复合断裂,而不是单一的Ⅰ型或者Ⅱ型断裂。因此,研究煤体的复合断裂力学特性更复合实际工程情况。

(2) 动力扰动下含水煤的断裂力学特征。裂纹在动力扰动下的响应更为敏感,扩展速度更快,裂纹延伸扩展就会导致煤体结构的失稳破坏,以往学者采用SHPB试验系统研究了煤体的动态断裂力学特性,然而很少研究水对煤体的动态断裂、裂纹扩展速度等的影响。

(3) 煤饱水后的微观结构对宏观动力学性能的影响研究。煤是一种多孔、多裂隙的介质,其内部随机存在大量的裂纹、孔隙等缺陷,在外部载荷作用下,这些缺陷导致煤裂纹萌生、扩展和贯通。许多研究结果表明:岩石内部微细观损伤的累积是其宏观破坏的根本原因。目前国内外许多学者从微观角度研究水对岩体的损伤劣化机理,但是关于在水-煤物理作用下煤动力学方面的研究较少,特别是从微观角度等对煤体宏观动力学性能的影响研究还有待深入研究。

1.3 本书的主要研究内容及技术路线

1.3.1 本书的主要研究内容

本书将以"含水煤样+静/动载荷"失稳断裂为工程背景与研究主题,主要研究含水煤体的复合断裂静力学特征和水对煤样动态断裂韧度特性及裂纹扩展速度的影响,最后研究煤饱水后的微观结构对宏观动力学性能的影响。主要研究内容如下:

(1) 基于RMT-150C试验系统,开展不同含水状态下煤样的单轴压缩试验、常规三轴压缩试验和抗拉试验,研究水对煤样抗拉强度、弹性模量、压缩强度、内摩擦角和黏聚力等力学参数的影响机制。

(2) 开展不同含水条件下煤样的非对称加载的半圆盘弯曲试验,分析含水煤样的复合断裂静力学特性,研究水对煤样Ⅰ型、Ⅱ型及复合断裂韧度、破坏轨迹等的影响,探讨非对称加载的半圆盘弯曲试验的优缺点。

(3) 基于改进后的 SHPB 试验系统,开展了不同含水煤样的动态冲击试验,研究水对煤样的动态断裂韧度、破坏模式等的影响,重点讨论水对煤样裂纹动态扩展的影响机制。

(4) 基于 SEM、超声波测试仪、核磁共振等试验,分析水对煤样微观结构、纵波波速和孔隙变化特征的影响,研究煤饱水后的微观结构对宏观动力学性能的影响,探讨了水的弱化机理和增强作用机理。

1.3.2 技术路线

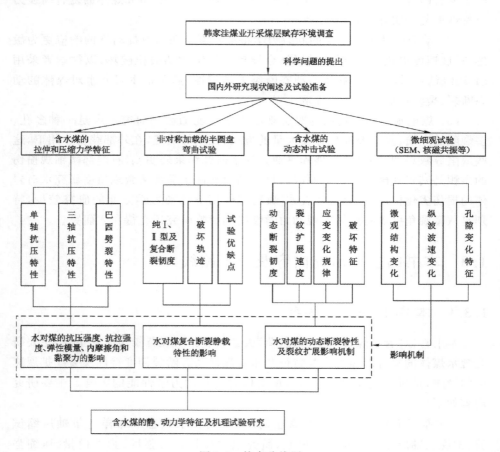

图 1-6 技术路线图

2 含水煤样的拉伸和压缩力学特征

众所周知,煤炭资源的开采逐渐转入深部,据不完全统计[82],立井开采的井深超过 1 000 m 的矿井已经达到近 50 座。然而,深部地质条件极其复杂,冲击地压、煤与瓦斯突出和顶板大面积来压等深部工程灾害造成的人员伤亡、停工停产等工程事故一直居高不下,造成的经济损失触目惊心[83]。为了控制这些灾害的发生,水力措施[83-87](如煤层注水[83]、水力冲孔[84]、水压致裂[85])作为简单、经济的方法,已经被广泛应用于煤炭资源开采过程中。同时,煤岩受到地下水的影响[88-90],特别是通过一些节理、裂隙发育较好的岩层时,地下水就会通过岩体裂隙流动,进而影响煤样的力学性质。水的存在会导致煤样内部结构改变,影响煤岩力学性质,也会改变巷道周边的应力状态。因此,亟待研究水对煤样力学特性的影响机制。

国内外许多学者研究了静载作用下水对煤样力学特性的影响,主要包括水对单轴抗压强度、抗拉强度、纵波波速、能量耗散规律、渗透性和蠕变行为等力学特性的影响。本书 1.2.2 节介绍了一些国内外的研究现状。此外,刘忠锋等[91]发现煤样的单轴抗压强度、弹性模量和抗剪强度都随着含水率的增大而呈线性减小。张辉等[92]发现饱水后煤样的抗拉强度和峰值的降低率分别为 32.2% 和 63.9%。于岩斌等[93]发现饱水后煤的抗拉强度降低率明显大于单轴抗压强度的降低率。水也会影响煤层的冲击倾向性能[37-38],不同饱水时间对煤层冲击倾向性能的影响结果可以为防止冲击地压提供一定的理论依据。以往对含水煤样力学特性的研究成果十分丰富,为理解含水煤样的力学特征及为工程技术(煤层注水、水力冲孔和水压致裂)的实施提供一定的理论基础。

随着矿井深部开采的常态化,煤样所处的应力环境变得十分复杂[94]。开挖之前煤样往往处于三向不等压的应力状态,开挖后自由面附近围岩体环向应力呈非线性减小,而径向应力呈非线性增大。在某些情况下,煤样退化为双向应力状态,甚至为单向应力状态[94]。对此,目前静载作用下饱水煤样的研究大多数只进行了单轴压缩或者单轴拉伸,而复杂应力条件下的研究成果还不是很多。因此,对复杂应力条件下饱水煤样的力学特征的研究显得十分有必要。

为了研究复杂应力条件下含水煤样的力学特征,本章首先调查不同浸泡时间的煤样的吸水率,然后开展不同含水率和围压时煤样的单轴抗压试验、三轴抗压试验以及巴西劈裂力学试验,研究含水率和围岩对煤样强度、变形和破坏特征的影响,探讨含水率对煤样的内摩擦角和黏聚力等力学参数的影响。

2.1　含水煤样制备及吸水率测定

2.1.1　煤样的选取及制备

2.1.1.1　煤样的选取

本书煤样取自山西煤炭进出口集团左云韩家洼煤业有限公司 22 号煤层。该煤层位于太原组中部,上距 19 煤层 20.80～50.01 m,平均间距为 31.96 m。煤层厚度为 7.14～15.82 m,平均值为 11.61 m,含 0～6 层夹矸,煤层结构较复杂。顶板岩性大多数为粗砂岩、含砾粗砂岩,局部为泥岩;底板岩性为泥岩;夹矸岩性多数为泥岩。全井田分布,全区可采,井田范围内厚度变化不大,呈中间薄两边厚的特征,最厚的地方位于井田东部范围以外的 Z803 号孔(15.82 m)。22号煤层煤类以长焰煤为主,零星分布气煤,煤质变化不大,属于稳定煤层。

上述资料显示:22 号煤层厚度较大,根据文献[10]的试验结果,22 号煤层抗压强度较大,为 22.32～32.75 MPa。煤尘具有爆炸性。此外,开采范围内断层较多(第 1 章已经详细介绍),韩家洼煤矿的正常涌水量为 500 m³/d,太原组 K2砂岩是 22# 煤层的直接充水含水层,太原组含水层和上组煤层采空区积水极易通过垮落带和导水裂缝带等通道渗入煤层回采工作面,对煤层开采构成一定的威胁[11]。基于上述原因,开采过程中 22 号煤层不可避免会吸收不同程度的水分,即煤样存在一定的含水量(以下简称含水煤样)。水的存在会导致煤样力学性质的劣化,导致围岩应力重新分布,因而亟待研究水对煤样的力学性质的影响。

煤层原煤水分(Mad)为 1.10%～3.80%,平均值为 2.26%。灰分(Ad)为15.84%～30.66%,平均值为 24.94%,属于中灰煤。挥发分(Vdaf)为 38.07%～40.39%,平均值为 39.13%,属于高挥发分。硫分(St,d)为 0.90%～2.49%,平均值为 1.43%,属于中硫。高位发热量(Qgt,d)为 21.82～27.26 MJ/kg,平均值 24.19%,属于中发热量,低位发热量(Qnet,d)为 19.40～25.82 MJ/kg,平均值为 22.60 MJ/kg。黏结指数(G)为 2～47,平均值为 22,属于弱黏结。SiO_2含量为 46.05%,Al_2O_3 含量为 39.15%,Fe_2O_3 含量为 6.09%,CaO 含量为3.29%,SO_3 含量为 2.01%,TiO_2 含量为 1.34%,其他成分的含量低于 1%。

灰熔性软化温度均高于 1 500 ℃,属于高软化温度灰。半焦产率为 76.25%～78.60%,平均值为 77.75%。焦型 B 和 C,焦油产率为 6.55%～8.18%,平均值为 7.25%,属于富油煤。22 号煤以长焰煤为主,零星分布气煤,个别弱黏煤。

2.1.1.2　煤样的选取

煤样取自韩家洼煤业有限公司 22 号煤层,如图 2-1 所示。由于煤样不同于岩石,强度相对较低,为了尽可能保护好煤样的完整性,避免其内部结构受到损伤及破坏,在现场取样后采用塑料薄膜包裹,防止其风化破裂。此外,在搬运煤样过程中要轻拿轻放,保护好其原生的结构状态。

图 2-1　采集回来的部分煤块

为了获取试验加工的试样,根据《水利水电工程岩石试验规程》(SL 264—2001)[95],从采集回来的煤块中利用钻机钻取煤芯,然而采用切割机将其切割成直径为 50 mm、高度约为 103 mm 的圆柱,最后采用双端面磨石机将其磨削成高度为 100 mm 的标准圆柱体试样和厚度为 25 mm 的巴西圆盘试样,如图 2-2 和图 2-3 所示。此外,根据《水利水电工程岩石试验规程》(SL 264—2001)的要求:所有煤样两个端面的平行度小于±0.02 mm,垂直度偏差不超过 0.25°。

本书为了研究水对煤样断裂力学行为的影响,采用上述加工工艺,根据国际岩石力学学会(ISRM)的规定[96],还加工了半圆盘试样,具体加工步骤和实物图分别如图 2-4 和图 2-5 所示。

（a）煤芯钻取

（b）煤样切割

（c）煤样端部磨平

图 2-2　试样加工过程

图 2-3　圆柱体和巴西圆盘试样

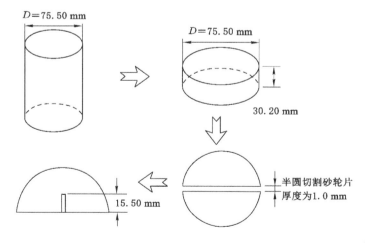

图 2-4　半圆盘加工示意图

图 2-5　半圆盘实物图

2.1.2　煤样吸水率特性

为了研究煤样不同浸泡时间时的吸水特性,将部分试样放入水桶中浸泡,达到浸泡时间后将试样称重,然后放入水中浸泡(图 2-6)。浸泡时间设定为 4 h、8 h、14 h、24 h、48 h、72 h、96 h、120 h,电子秤的精度为 0.1 g。根据浸泡前后的质量,可以根据以下公式得到煤样的含水率:

$$w = (m_t - m_d)/m_d \times 100\%$$　　　　　　　　(2-1)

式中　w——试样含水率;

　　　m_t,m_d——不同时间浸泡前后试样的质量。

图 2-7 为不同浸泡时间时煤样的含水率变化情况。由图 2-7 可以看出:煤样吸水可以分为三个阶段:快速吸水期、缓慢吸水期和饱和期。在泡水初期,煤样的含水率随着浸泡时间的增加迅速增大,特别是在 24 h 之前,随着浸泡时间的继续增加,煤样含水率增大较为迅速,48 h 后试样含水率几乎不受浸泡时间的影响,这表明试样已经进入饱和阶段。这个现象与岩石及其他煤样的试验结果类似。根据图 2-7 的试验结果,发现煤样饱和状态下含水率约为 3.6%。

为了研究含水率对煤样力学特征的影响,根据上述不同浸泡时间时煤样的

图 2-6 煤样浸泡试验

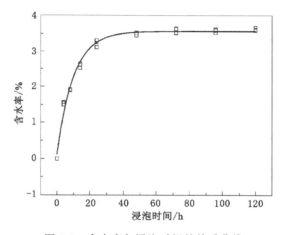

图 2-7 含水率与浸泡时间的关系曲线

含水率变化,本书仅选择 3 个不同含水率,分别是 0、1.8%、3.6%。具体的操作步骤为:试样制备后,在室内自然状态下放置 7 d,然后将煤样放置于干燥箱(温度为 105 ℃)中烘 24 h,使其处于干燥状态,此时含水量为 0。然后将部分试样放入水中,进行饱水试验,浸泡时间分别为 4 h 和 120 h。

2.1.3 含水煤样静载试验设备及方案

抗压试验和抗拉试验都是在中国科学院武汉岩土力学研究所研制的 RMT-150C 型岩石力学伺服试验机上完成的,如图 2-8 所示。该试验系统主要由主控计算机、数字控制器、手动控制器、液压控制器、液压作动器、三轴压力源、液压源以及具有各种功能的试验附件等组成。

图 2-8   RMT-150C 试验系统

RMT-150C 型岩石力学试验系统的主要技术性能指标如下：

(1) 最大垂直静载荷为 1 000 kN,最大垂直动载荷为 50.00 kN；

(2) 最大水平静载荷为 50.00 kN,最大水平动载荷为 300 kN；

(3) 系统精度小于 0.5%；

(4) 系统零漂小于 ±0.05%；

(5) 最大压缩变形量为 20 mm；

(6) 最大剪切变形量为 20 mm；

(7) 三轴压力盒最高围压为 50.0 MPa；

(8) 伺服液压行程为 50.0 mm。

具体的试验操作如图 2-9 所示。

煤样   巴西圆盘

(a) 单轴压缩试验   (b) 巴西劈裂试验

图 2-9   具体的试验操作

（c）三轴压缩试验

图 2-9（续）

2.2 含水煤样的拉伸力学特征

岩石的抗拉强度是岩石最重要的力学参数之一[97]。国内外许多研究发现：岩石的抗拉强度很低，为抗压强度的 $1/4 \sim 1/25$，因而研究岩体工程结构的稳定性时要考虑拉伸应力区的出现[98-99]，避免拉伸造成的失稳破坏。因此，研究岩石的抗拉强度十分重要。

巴西劈裂间接拉伸试验由于操作简单方便，早在 1978 年就被推荐用来测定岩石的抗拉强度[97]并被广泛应用。此外，根据压头与岩石的接触状态，又产生了很多研究方法，如图 2-10 所示，有平板压缩、加钢丝或者垫片压缩以及圆弧压缩。钢丝加载能够产生应力集中，特别是岩石强度比较软的情况，钢丝可能嵌入岩石，造成试验机变形突然增大而卸载。圆弧加载时，压头与试样的接触面积比较大，试样能够保持较好的应力状态，但是由于圆弧接触部分岩石会产生很大的塑性变形，且内部应力分布特征比较复杂，因此，本书采用平板压缩，研究不同含水率对岩石抗拉力学特性的影响。

图 2-11 为巴西圆盘试样受力状态图。由弹性力学的原理可知：当巴西圆盘两端受到压缩载荷时，在与圆盘加载方向一致的中心面上会受到横向拉应力（方向与载荷加载方向垂直），由于岩石的抗拉强度较低，试样会沿着加载方向断裂。

根据二维平面弹性力学的理论，可以得到圆盘内任意一点的拉应力、压应力和剪应力的应力表达式[101]：

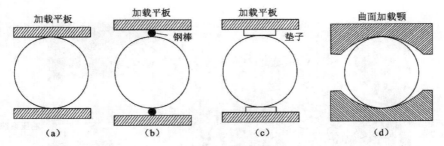

图 2-10　不同抗拉强度测试方法[100]

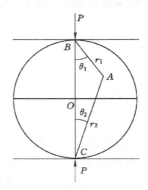

图 2-11　巴西圆盘试样劈裂受力示意图[101]

$$\sigma_x = \frac{2P\left(\dfrac{\sin^2\theta_1\cos\theta_2}{r_1} + \dfrac{\sin^2\theta_2\cos\theta_1}{r_2}\right)}{\pi t} - \frac{2P}{\pi Dt} \qquad (2\text{-}2)$$

$$\sigma_y = \frac{2P\left(\dfrac{\cos^3\theta_1}{r_1} + \dfrac{\cos^3\theta_2}{r_2}\right)}{\pi t} - \frac{2P}{\pi Dt} \qquad (2\text{-}3)$$

$$\tau_{xy} = \frac{2P}{\pi t}\left(\frac{\cos^2\theta_1\sin\theta_1}{r_1} + \frac{\cos^2\theta_2\sin\theta_2}{r_2}\right) \qquad (2\text{-}4)$$

式中　σ_x——圆盘试样受到的拉应力;

　　　σ_y——圆盘受到的压应力;

　　　τ_{xy}——圆盘受到的剪应力;

　　　P——载荷;

　　　D——圆盘直径;

　　　t——圆盘厚度。

图 2-12 为巴西劈裂试样载荷与时间的关系曲线,表 2-1 为相关的力学参数。由图 2-12 可以看出:当试样含有一定的水量时,试样达到峰值载荷后出现多次应力跌落和升降过程,表明试样还具有一定的承载能力。

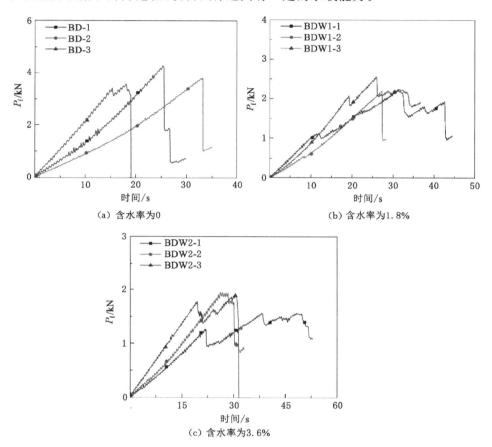

(a) 含水率为0

(b) 含水率为1.8%

(c) 含水率为3.6%

图 2-12 巴西劈裂试样载荷与时间的关系曲线

表 2-1 煤样巴西劈裂试验的相关力学参数

试样编号	直径/mm	长度/mm	含水率/%	峰值载荷/kN	抗拉强度/MPa
BD-1	49.57	26.63	0	4.29	2.07
BD-2	49.69	25.63	0	3.82	1.91
BD-3	49.5	26.36	0	3.59	1.75
平均值				3.90	1.91

表 2-1(续)

试样编号	直径/mm	长度/mm	含水率/%	峰值载荷/kN	抗拉强度/MPa
BDW1-1	49.6	25.14	1.76	2.23	1.14
BDW1-2	49.47	25.33	1.70	2.20	1.12
BDW1-3	49.79	25.11	1.81	2.57	1.31
平均值				2.33	1.19
BDW2-1	49.51	26.67	3.62	1.56	0.75
BDW2-2	49.75	26.4	3.58	1.94	0.94
BDW2-3	49.69	27.03	3.57	1.90	0.90
平均值				1.80	0.86

根据上面的公式,可以得到巴西劈裂试样的抗拉强度计算公式:

$$\sigma_t = \frac{2P_f}{\pi D t} \tag{2-5}$$

图 2-13 为抗拉强度与含水率的关系曲线。由图 2-13 可知:试样的抗拉强度随着含水率的增大而逐渐减小,含水率为 3.6% 的试样强度(0.86 MPa)和含水率为 1.8% 的试样强度(1.19 MPa)与干燥状态下试样强度(1.91 MPa)相比,分别降低了 55.0% 和 37.7%,这表明含水率对煤样的抗拉强度的影响较大。

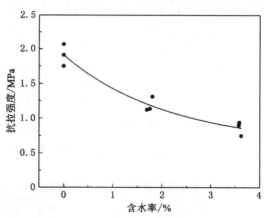

图 2-13　抗拉强度与含水率的关系曲线

图 2-14 为巴西劈裂试验试样破坏形式。由图 2-14 可以看出:试样破裂形式比较简单,基本都劈裂成两半,但是破裂面并没有沿试样中心线,这可能是煤样的非均质性造成的。

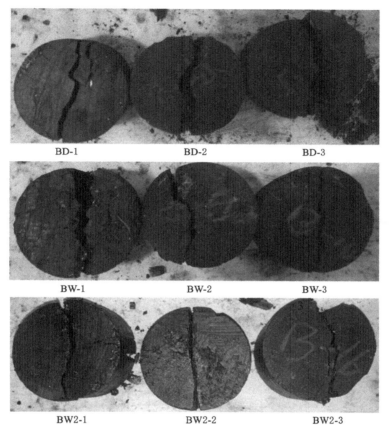

图 2-14 巴西劈裂试验试样破坏形式

2.3 含水煤样单轴压缩力学特征

2.3.1 应力-应变关系曲线

图 2-15 为单轴压缩下的应力-应变关系曲线,表 2-2 为相关的力学参数,其中弹性模量为应力-应变关系曲线弹性阶段直线段的斜率。试样编号 DC、WC1 和 WC2 分别代表干燥煤样、含水率为 1.8% 的煤样、含水率为 3.6% 的煤样。由图 2-15 可以看出:试样明显经历了压密、弹性、屈服和破坏四个阶段。试样初始压密阶段变形较大,曲线呈上凹形,这可能是由于煤样存在较多的原生裂隙。弹

性阶段以后,应力与应变近似呈直线,此时,裂纹开始逐渐萌生、扩展。当到达屈服阶段后,裂隙会进一步扩展,新的裂纹数量逐渐增加。随着加载载荷的继续增大,煤样达到峰值载荷,试样会出现宏观裂纹,其承载能力降低。

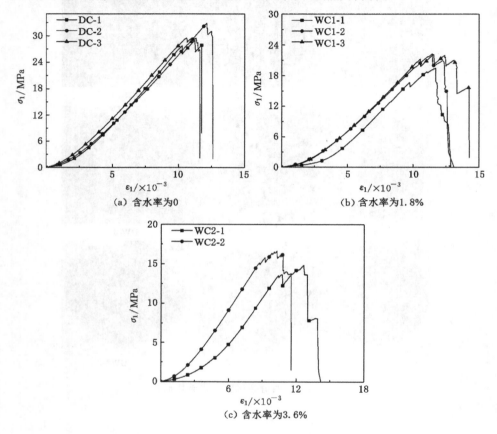

注:DC、WC1 和 WC2 分别表示干燥煤样、含水率为 1.8% 和 3.6% 的煤样。

图 2-15　单轴压缩下的应力-应变关系曲线

由图 2-15 可以看出:干燥试样应力-应变关系曲线峰值前较为光滑,在峰值强度附近出现轻微的振荡,然后迅速下降,承载能力消失,表现出明显的脆性特征。然而,饱水试样在峰值前与干燥试样差别并不是很大,但是试样达到峰值载荷附近振荡较为明显,出现了明显的多次应力升降过程,试样达到峰值强度后,承载能力并没有马上消失,表现出类似的塑性特性。这与以往的研究结果较为类似[33,76],其主要原因是水的软化作用。

表 2-2　单轴压缩下煤样的相关力学参数

试样编号	直径/mm	长度/mm	含水率/%	抗压强度/MPa	弹性模量/GPa	强度损失率/%	弹性模量损失率/%
DC-1	49.82	100.12	0	28.9	3.4		
DC-2	49.76	100.22	0	32.9	3.0	0	0
DC-3	49.78	97.77	0	29.5	3.3		
平均值				30.4	3.3		
WC1-1	49.82	99.9	1.78	19.5	2.6		
WC1-2	49.85	100.18	1.69	22.3	2.5	30.0	21.5
WC1-3	49.8	100.35	1.71	22.2	2.6		
平均值			1.73	21.3	2.6		
WC2-1	49.8	100.11	3.51	14.8	1.9		
WC2-2	49.8	99.2	3.62	16.6	2.2	48.3	37.6
平均值			3.57	15.7	2.0		

注:DC、WC1 和 WC2 分代表示干燥煤样、含水率为 1.8% 和 3.6% 的煤样。

2.3.2　水对单轴抗压强度的影响

图 2-16 为单轴压缩强度与含水率的关系曲线。由图 2-16 可以看出:试样的单轴压缩强度随着含水率的增大而逐渐减小,含水率为 1.8%、3.6% 的试样强度,与干燥试样强度相比分别降低 30%、48.3%,这与前面的吸水性测试类似,饱水初期强度的下降比较快,稍后变缓。

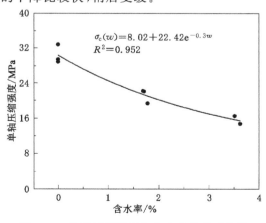

$$\sigma_c(w)=8.02+22.42e^{-0.3w}$$
$$R^2=0.952$$

图 2-16　单轴压缩强度与含水率的关系曲线

根据 A. B. Hawkins 等[102]的研究成果,单轴压缩强度与含水率可以用指数关系式表示:

$$\sigma_c(w) = a_0 e^{-bw} + a_1 \tag{2-6}$$

式中　σ_c——单轴压缩强度;

　　　w——含水率;

　　　a_0, a_1, b——常数。

从公式中可以发现:当含水率为 0 时,单轴压缩强度等于 $a_0 + a_1$。常数 b 代表强度的降低幅度。那么基于上述公式可得到单轴压缩强度与含水率的关系式,如图 2-16 所示。由图 2-16 可以看出该拟合公式的拟合精度较高。

2.3.3　弹性模量与含水率的关系

图 2-17 为弹性模量与含水率的关系曲线。由图 2-17 可以看出:弹性模量随着含水率的增大逐渐降低,含水率为 1.8%、3.6%的试样的弹性模量,与干燥试样的弹性模量相比分别降低了 21.5%、37.6%。由上面的分析可知:弹性模量的降低率明显低于单轴抗压强度的,这表明水对弹性模量的弱化强于对单轴抗压强度的弱化。

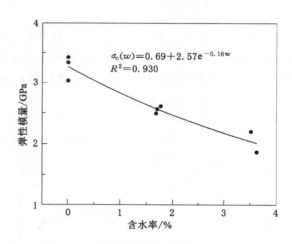

图 2-17　弹性模量与含水率的关系曲线

根据单轴抗压强度与含水率的拟合方法,图 2-17 给出了弹性模量与含水率的关系式和拟合曲线。

2.4   含水煤样三轴压缩力学特征

2.4.1   应力-应变关系曲线

图 2-18 为三轴压缩下的应力-应变关系曲线。表 2-3 为相关力学参数。由图 2-18 可以看出:试样压密阶段也存在一定的压缩变形,呈上凹形,这是煤样内部的初始裂隙造成的。随着围压的增大,试样的变形和承载能力也随着增大,这表明围压对其具有增强作用。

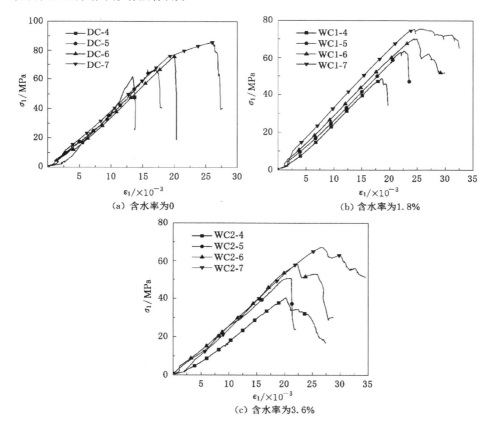

注:DC、WC1、WC2 分别为干燥煤样、含水率为 1.8% 和 3.6% 的煤样。

图 2-18   三轴压缩下应力-应变关系曲线

表 2-3 三轴压缩下煤样的相关力学参数

试样编号	直径/mm	长度/mm	含水率/%	围压/MPa	强度/MPa	弹性模量/GPa
DC-4	49.81	99.16	0	2	61.8	4.1
DC-5	49.79	100.15	0	4	66.7	3.8
DC-6	49.75	94.65	0	6	75.7	4.1
DC-7	49.78	97.77	0	10	85.6	4.0
WC1-4	49.81	99.96	1.69	2	48.7	3.0
WC1-5	49.78	100.23	1.78	4	63.8	2.9
WC1-6	49.82	100.17	1.77	6	70.3	3.0
WC1-7	49.85	100.11	1.82	10	75.4	3.2
WC2-4	49.83	100.06	3.57	2	40.6	2.2
WC2-5	49.78	101.22	3.56	4	50.8	2.5
WC2-6	49.81	100.08	3.52	6	58.3	2.6
WC2-7	49.8	100.35	3.62	10	67.2	2.9

水对试样峰值载荷之前的变形影响不大,如干燥试样的变形与含水试样相似,都经历了压密阶段、弹性阶段和屈服阶段。然而,水对试样峰后变形产生了较大的影响,如干燥试样,达到峰值载荷后出现明显的应力降落过程,承载能力迅速下降,表现出明显的脆性,这与单轴压缩的变形特征类似。含水试样达到峰值后也出现了应力下降过程,但是应力值并没有马上下降至很低或者 0,而是下降速度明显变缓,试样仍具有一定的承载能力,例如含水率为 3.6% 的试样,类似的变形特征特别明显,这表明峰值后含水试样出现了塑性特征。此时,试样承载能力主要依靠内部微裂隙的摩擦。

2.4.2 水对抗压强度的影响

图 2-19 为围压与抗压强度的关系图。由图 2-19 可以看出:三轴压缩下的抗压强度明显高于单轴压缩下的值,比如围压 2 MPa 下干燥试样的抗压强度(61.8 MPa)和含水率为 1.8% 的抗压强度(48.7 MPa)比单轴压缩下干燥试样的抗压强度(30.4 MPa)和含水率为 1.8% 的抗压强度(22.2 MPa)分别高 103.3% 和 119.4%,这主要是由于单轴压缩下一般是拉剪复合破坏,而常规三轴压缩下常常产生剪切破坏。

三种试样的抗压强度随着围压的增大而增大,表明围压对试样抗压强度具有提高作用,围压有利于微裂隙的闭合,抑制剪切变形的产生。由图 2-19 可以看出:

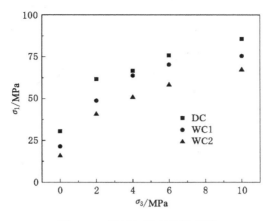

图 2-19 围压与强度的关系图

干燥试样的抗压强度明显大于两种含水试样,而含水率为 3.6% 的试样的抗压强度最低,这表明水也能够影响煤样的三轴抗压强度。不过与单轴压缩降低率相比,三轴压缩情况下抗压强度的降低率并不是很高。比如,围压为 10 MPa 时,含水率为 1.8% 和 3.6% 的试样的抗压强度比干燥试样的抗压强度分别低 11.7%、21.5%。

2.4.3 水对弹性模量的影响

图 2-20 为围压与弹性模量的关系图。由图 2-20 可以看出:三轴压缩情况下的弹性模量大于单轴压缩下的值,例如,围压 2 MPa 下干燥试样的弹性模量(4.1 GPa)比单轴压缩下的弹性模量(3.3 GPa)大 24.2%。这也是围压产生的影响,围压会抑制微裂纹的萌生、扩展。不同围压下干燥试样的弹性模量差别不大,这可能是由于煤样的离散型。含水试样的弹性模量总体上随着围压的增大而增大,但两组的值都低于干燥试样的。例如,围压 6 MPa 的干燥试样的弹性模量(4.1 GPa)比含水率为 1.8% 的煤样的弹性模量(3.0 GPa)高 36.7%。各个围压下含水率为 3.6% 的试样的弹性模量最低。

2.4.4 煤样破裂过程分析

如图 2-21 所示,单轴压缩下三种试样都为剪切和拉伸的复合破坏,如图中 DC-3 试样和 WC1-1 试样,出现了很明显的剪切和拉伸裂纹。干燥试样和含水率为 1.8% 的试样的破坏模式差别不大,而含水率为 3.6% 的煤样破坏较为严重,出现了很多小的煤块,这可能是由于水的软化作用。

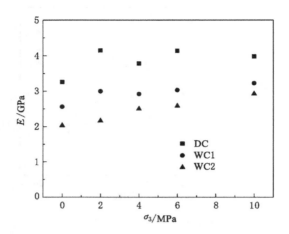

图 2-20　围压与弹性模量的关系图

图 2-21　单轴压缩下煤样的破坏形式

（g）WC2-1　　　　（h）WC2-2

图 2-21（续）

　　图 2-22 为三轴压缩下煤样的破坏形式。由图 2-22 可以看出：围压 10 MPa 下，干燥试样出现了单一的剪切破裂面，其他试样在各个围压下都出现了剪切和拉伸破坏断裂面，这些破坏形式与单轴压缩下的破坏形式相似。

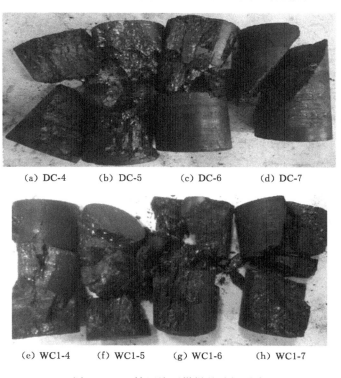

（a）DC-4　　（b）DC-5　　（c）DC-6　　（d）DC-7

（e）WC1-4　　（f）WC1-5　　（g）WC1-6　　（h）WC1-7

图 2-22　三轴压缩下煤样的破坏形式

(i) WC2-4　　(j) WC2-5　　(k) WC2-6　　(l) WC2-7

图 2-22（续）

这与 M. S. Diederichs 等[103]提出来的破坏形式相同,即岩石在低围压下或者单轴压缩情况下,岩石会出现拉裂纹。随着围压的增大,围压会抑制拉裂纹的萌生、扩展,岩石材料的破坏形式会由压力组合复合破坏转变为单一的剪切破坏。由图 2-22 还可以看出:随着试样含水率的增大,试样破坏较为破碎,表明水也会影响煤样的破坏形式。

2.5　水对内摩擦角和黏聚力的影响

前面分析含水率对煤样抗压强度、变形和破坏特征的影响,下面讨论水对煤样内摩擦角和黏聚力的影响。前面分析了围压与抗压强度的关系,由图 2-23 可以看出:抗压强度与围压大致呈线性关系,基本满足莫尔-库仑强度准则。该准则由于形式简单,已经广泛应用于岩土工程中,具体表达式如下:

$$\sigma_s = Q + K\sigma_3 \tag{2-7}$$

式中,Q,K 为材料的参数。

根据式(2-7)可以得到内摩擦角和黏聚力与 Q、K 的关系表达式:

$$\varphi = \arcsin \frac{K-1}{K+1} \tag{2-8}$$

$$C = \frac{Q(1-\sin\varphi)}{2\cos\varphi} \tag{2-9}$$

对围压与抗压强度的关系进行拟合,拟合公式如图 2-23 所示。

$$\sigma_{s1} = 3.1\sigma_3 + 55.7 \quad (R^2 = 0.985\ 3) \tag{2-10}$$

$$\sigma_{s2} = 3.1\sigma_3 + 47.5 \quad (R^2 = 0.834\ 5) \tag{2-11}$$

$$\sigma_{s3} = 3.2\sigma_3 + 36.4 \quad (R^2 = 0.959\ 3) \tag{2-12}$$

　　根据拟合结果,结合式(2-8)和式(2-9),可以计算出不同含水率时煤样的内摩擦角和黏聚力。干燥试样、含水率为 1.8％、含水率为 3.6％的煤样内摩擦角分别是 30.4°、30.9°、31.9°,黏聚力分别是 15.9 MPa、13.5 MPa、10.1 MPa。这表明水对煤样的内摩擦角基本上没有影响,主要影响煤的黏聚力,这与其他学者的结论类似[33]。与干燥试样相比,含水率为 3.6％的煤样的黏聚力降低了 36.5％。这个现象表明煤样的内摩擦角是一个材料参数,而黏聚力是一个结构参数。

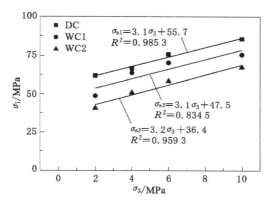

图 2-23　围压与抗压强度拟合关系图

2.6　本章小节

　　本章基于 RMT-150C 试验系统,采用标准圆柱煤试样,对含水率为 1.8％、3.6％的含水试样进行单轴压缩和常规三轴压缩试验,研究含水率对煤样变形、抗压强度和破坏特征等的影响。众所周知:冲击地压是煤炭资源开采过程中比较常见的动力灾害,主要原因是煤样内部储存的弹性能突然释放。根据本章的试验结果可知:浸水后煤样单轴和常规三轴抗压强度和弹性模量都明显下降。此外,水改变了煤样峰后力学行为,其脆性随着含水率的增大逐渐减弱,而其塑性变形逐渐增大。这表明煤样内部储存的弹性能随着含水率的增大逐渐减少,而其消化的塑性变形能逐渐增加。也就是说,注水降低了煤样的冲击倾向性,这与实际工程中煤层注水防治冲击地压的机理基本相同,这也表明本书的研究内容能够为防治冲击地压提供一定的参考。

　　具体得出以下结论:

　　(1)单轴压缩下抗压强度和弹性模量都随着含水率的增大而逐渐减小,都与含水率呈指数关系。煤样达到饱和状态时,其抗压强度和弹性模量分别下降了48.3%、37.6%。

(2)含水率会影响煤样峰后变形行为,干燥试样达到峰值载荷后出现了明显的应力跌落现象,而含水试样达到峰值载荷后,应力并没有马上跌落,而是缓慢降低,表现出塑性变形特征。随着试样含水率的增大,试样破坏较为破碎,产生较多的碎块。

(3)三轴压缩下三种试样的强度都随着围压的增大而增大,但是不同围压下含水试样的抗压强度明显低于干燥试样的。围压能够抑制水对煤样的软化,围压10 MPa下,含水率为1.8%和3.6%的试样分别比干燥的低11.7%和21.5%。抗压强度和弹性模量损失率随着围压的增大而逐渐减小。

(4)水对煤样的内摩擦角基本没有影响,但是黏聚力明显偏低。与干燥试样相比,含水率为3.6%的煤样的黏聚力降低了36.5%。煤样内摩擦角是一个材料参数,而黏聚力是一个结构参数。

3　含水煤样的混合断裂静态力学特性

　　煤是一种特殊的沉积岩,具有典型的非连续、非均质和各向异性等特征,经过复杂的构造运动和成岩演变后,煤样内部存在许多天然的裂纹、孔隙和裂隙,这些裂纹会导致其尖端产生应力集中,降低岩体的承载能力,甚至诱发煤样工程灾害。煤炭资源开采过程中,煤样出现断裂失稳的现象十分普遍,如顶板断裂、煤壁片帮和冒顶等。断裂韧度是描述脆性材料对裂纹扩展阻力大小的重要参数,其值可用来反映脆性材料抵抗裂缝扩展的难易程度,对研究材料的力学性能具有重要指导意义。因而,对断裂韧度的研究已经成为许多岩体工程[如隧道工程、水利水电工程、铁(公)路工程、矿山工程]必不可少的工作。

　　裂纹的三种基本断裂模式(图 3-1)为:张开型断裂(Ⅰ型)、滑开型断裂(Ⅱ型)、撕开型断裂(Ⅲ型)。Ⅰ型断裂模式(材料中裂纹的扩展方向垂直于正应力)是岩石脆性断裂过程中常见的模式,特别是在低应力情况下,岩石常表现出Ⅰ型断裂模式。为此,国际岩石力学学会(ISRM)先后给出了多种静载作用下的建议测试方法:"人"字形切槽三点弯曲圆棒试样(chevron notched three-point bend round bar specimen-SR)[104]、"人"字形切槽圆棒试样(chevron notched short rod specimen-cR)[104]、"人"字形切槽巴西圆盘试样(cracked chevron notched brazilian disc-CCNBD)[105]和中心直裂纹三点弯曲半圆盘试样(notched semi-circular bend-NSCB)[106]。然而,随着人们对岩石断裂力学研究的不断深入,发现上述试样在实际应用过程中存在一些不足,如复杂的加工过程及高精度要求等。比如测量 SR 试样断裂韧度时试样的准备过程十分烦琐,此外要配合使用多种试验设备。特别是用 SR 试样测量高强度的岩石断裂韧度时,由于试样自身的抗拉强度较高,其试样顶部连接处可能提前于试样本身断裂,进而造成断裂韧度测量失败。

　　然而实际工程中煤样的受力特征十分复杂,裂缝尖端往往同时承受剪应力和拉应力的双重影响,大多数产生复合断裂,而不是单一的Ⅰ型断裂。因此,研究煤样的复合断裂力学特性更符合工程实际。

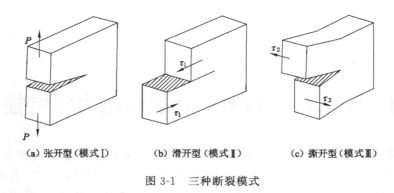

  (a) 张开型（模式Ⅰ）   (b) 滑开型（模式Ⅱ）   (c) 撕开型（模式Ⅲ）

图 3-1 三种断裂模式

3.1 ASCB复合断裂试验测试原理

  研究材料复合断裂力学特性的一种方法是 NSCB 试验[106-107]，如图 3-2（a）所示。SCB 试样由 M. D. Kuruppu 和 K. P. Chong 于 1984 年首次提出[106-107]，用于研究材料断裂韧性。由于试验具有所需样品材料少、加载装置简单等优势，国际岩石力学协会（ISRM）于 2014 年推荐采用 SCB 试样为研究岩石断裂力学特性的方法之一，为此，SCB 试验成为研究热点，已成功应用于花岗岩、大理石、石灰岩、砂岩等材料的断裂性能测试。当切槽与加载方向平行时，试样为纯Ⅰ型加载状态；当切槽与加载方向呈一定角度时，试样处于复合加载状态；当切槽角度足够大时，试样为纯Ⅱ型加载状态。然而，随着对 NSCB 试验研究的不断深入，试验对斜切槽加工精度要求高，特别是研究纯Ⅱ型断裂时，通常需要较高的切槽角度（大于 50°），这可能导致切槽下方可能出现非预期破裂。I. Lim 等[108]得到了类似的结果，发现泥岩切槽超过 54°时，裂纹并不是从切槽尖端开始起裂的。

  另一种是非对称加载的半圆盘弯曲（asymmetric semi-circular bend speci-men，ASCB）试验方法[109]。该试验方法由 M. Ayatollahi 团队于 2011 年提出[109]。该试验采用的仍然是 SCB 试样，只是通过改变底部支点距试样中心线的距离，从而实现试样从纯Ⅰ型加载状态、纯Ⅱ型加载状态到复合断裂状态，如图 3-2（b）所示。与 NSCB 试验相比，ASCB 试验不需要再加工较高角度的切槽，只需要加工与加载方向一致的切槽就可以实现复合断裂研究，因而也吸引了国内外许多学者的广泛关注，已成功将其应用于有机玻璃[109]、混凝土[110-111]、聚氨酯[112]等材料的断裂性能测试。然而，目前很少有涉及对含水煤样进行 ASCB 试验的研究。

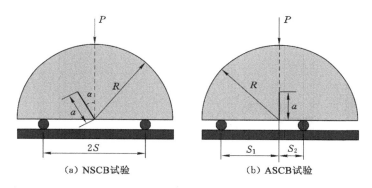

(a) NSCB试验　　　　　　　　　　　(b) ASCB试验

图 3-2　研究材料复合断裂力学特性的方法

3.2　ASCB试验断裂参数确定

断裂韧度的计算与峰值载荷、无量纲断裂参数（Ⅰ型、Ⅱ型无量纲应力强度因子和拉应力）和试样尺寸相关。由于 ASCB 试样的断裂参数目前没有解析结果，本书利用 ABAQUS 软件获得 ASCB 试验的Ⅰ型、Ⅱ型无量纲应力强度因子和拉应力。下面简单说明断裂参数的计算原理和获取过程。

3.2.1　裂纹尖端断裂参数定义

断裂韧度是材料断裂力学特性最重要的参数之一，是材料的固有属性，主要表明材料抑制裂纹扩展的阻力大小。G. R. Irwin[113]发现裂纹尖端附近的应力场具有奇异性，即其应力大小与 $r^{\frac{1}{2}}$ 密切相关（r 为到裂纹尖端的距离）。因而，分析裂纹尖端的应力场是研究断裂力学特性的前提条件，如图 3-3 所示，根据以往研究分析如下[49,114]。

其中Ⅰ型裂纹尖端区域应力场解析式为：

$$\sigma_{xx} = \frac{K_{\mathrm{I}}}{\sqrt{2\pi r}} \cos \frac{\theta}{2} \left(1 - \sin \frac{\theta}{2} \sin \frac{3\theta}{2}\right) + T + O(r^{\frac{1}{2}}) \tag{3-1}$$

$$\sigma_{yy} = \frac{K_{\mathrm{I}}}{\sqrt{2\pi r}} \cos \frac{\theta}{2} \left(1 - \sin \frac{\theta}{2} \sin \frac{3\theta}{2}\right) + O(r^{\frac{1}{2}}) \tag{3-2}$$

$$\tau_{xy} = \frac{K_{\mathrm{I}}}{\sqrt{2\pi r}} \cos \frac{\theta}{2} \sin \frac{\theta}{2} \cos \frac{3\theta}{2} + O(r^{\frac{1}{2}}) \tag{3-3}$$

Ⅱ型裂纹尖端区域应力场解析式为：

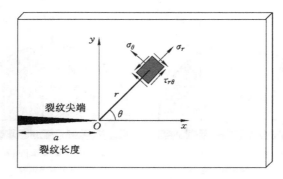

图 3-3　裂纹尖端应力场分布

$$\sigma_{xx} = \frac{K_{\text{II}}}{\sqrt{2\pi r}} \sin \frac{\theta}{2} \left(2 + \cos \frac{\theta}{2} \cos \frac{3\theta}{2} \right) + O(r^{\frac{1}{2}}) \qquad (3\text{-}4)$$

$$\sigma_{yy} = \frac{K_{\text{II}}}{\sqrt{2\pi r}} \sin \frac{\theta}{2} \cos \frac{\theta}{2} \cos \frac{3\theta}{2} + O(r^{\frac{1}{2}}) \qquad (3\text{-}5)$$

$$\tau_{xy} = \frac{K_{\text{II}}}{\sqrt{2\pi r}} \cos \frac{\theta}{2} \left(1 - \sin \frac{\theta}{2} \sin \frac{3\theta}{2} \right) + O(r^{\frac{1}{2}}) \qquad (3\text{-}6)$$

I-II复合型的裂纹尖端附近的应力场可以根据叠加原理转化为极坐标形式：

$$\sigma_{rr} = \frac{1}{\sqrt{2\pi r}} \cos \frac{\theta}{2} \left[K_{\text{I}} \left(1 + \sin^2 \frac{\theta}{2} \right) + \frac{3}{2} K_{\text{II}} \left(\sin \theta - 2\tan \frac{\theta}{2} \right) \right] +$$

$$T\cos^2 \theta + O(\sqrt{r}) \qquad (3\text{-}7)$$

$$\sigma_{\theta\theta} = \frac{1}{\sqrt{2\pi r}} \cos \frac{\theta}{2} \left(K_{\text{I}} \cos^2 \frac{\theta}{2} - \frac{3}{2} K_{\text{II}} \sin \theta \right) + T\sin^2 \theta + O(\sqrt{r}) \qquad (3\text{-}8)$$

$$\tau_{r\theta} = \frac{1}{\sqrt{2\pi r}} \cos \frac{\theta}{2} \left[K_{\text{I}} \sin \theta + K_{\text{II}} (3\cos \theta - 1) \right] - T\sin \theta \cos \theta + O(\sqrt{r})$$

$$(3\text{-}9)$$

式中　K_{I}, K_{II}——I型和II型应力强度因子；

　　　θ——裂纹的角度；

　　　σ_{rr}, $\sigma_{\theta\theta}$, $\tau_{r\theta}$——极坐标系下的应力分量；

　　　r——到裂纹尖端的极半径。

　　由上述公式可以看出：应力强度因子是研究裂纹尖端的奇异应力场的重要参数。然而，需要说明的是，在很长一段时间内，人们普遍认为主导裂纹萌生、扩展的唯一力学参数是应力强度因子。随着对断裂力学研究的不断深入，发现Wiiliams级数解中高阶项也是至关重要的[49,114]，尤其是对II型断裂特性有着重要影响,因此,拉应力在裂纹尖端应力场中的作用不容忽视。

3.2.2　断裂参数的计算基本原理

　　众所周知,ABAQUS 是基于有限元开发的软件,其内部有断裂分析模块,有利于对裂纹尖端附近应力场进行分析。此外,Ⅰ型和Ⅱ型应力强度因子是通过相互积分的方法计算得到的。与 J 积分相比[49,115],相互作用积分法的优越性主要表现为:只要选择积分区域,就能很快得到Ⅰ型和Ⅱ型应力强度因子,与设计的积分路径无关。裂纹尖端真实场主要是应力场和位移场,而裂纹尖端辅助场主要是虚拟的裂纹尖端应力场和位移场。通过裂纹尖端附近的积分示意图(图 3-4)发现:在裂纹尖端附近获取封闭回路 Γ,在裂纹下表面任何一点开始,按照逆时针方向沿 Γ 围绕尖端,止于裂纹上表面的任何一点 J 积分应力场下。

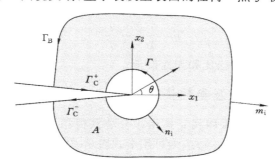

图 3-4　裂纹尖端的积分示意图

　　能力释放率可在 ABAQUS/Standard 模块中直接计算,记 J 为裂纹尖端应力场产生的 J 积分[49,114-115]:

$$J = \frac{1}{8\pi} \boldsymbol{K}^{\mathrm{T}} \boldsymbol{B}^{-1} \boldsymbol{K} \qquad (3\text{-}10)$$

式中,$\boldsymbol{B}$,$\boldsymbol{K}$ 为有关能量因子矩阵、应力强度因子矩阵。

　　式(3-10)可转化为:

$$J = \frac{1}{\widetilde{E}} (K^{2\mathrm{I}} + K^{2\mathrm{II}}) + \frac{1}{2G} K^{2\mathrm{m}} \qquad (3\text{-}11)$$

　　一般而言,应力强度因子可通过在 J 积分中直接计算获取,但是,对于比较复杂的加载情况,J 积分需采用相互积分法计算。

　　拉应力的获取方法与应力强度因子相同,也是采用相互积分法计算。具体的方法:先假定一个半无限大的虚拟应力场,然后施加与裂纹方向平行的集中载荷 f,其中 J^{aux} 为裂纹尖端附近的应力场产生的积分,最后根据叠加原理进行叠

加,获得总的 J 积分 J^{t}:

$$J^{\mathrm{t}} = J + J^{\mathrm{aux}} + I \tag{3-12}$$

式中,I 为实际应力场与虚拟应力场相关联的积分,定义为:

$$I = \lim_{\Gamma \to 0} \int_{\Gamma} nMq \, \mathrm{d}\Gamma \tag{3-13}$$

其中,

$$M = \varepsilon_{\mathrm{aux}}^{L} I - \sigma \left(\frac{\partial u}{\partial x} \right)_{\mathrm{aux}}^{L} - \sigma_{\mathrm{aux}}^{L} \frac{\partial u}{\partial x} \tag{3-14}$$

式中 σ, ε —— 实际应力和应变;

q, Γ —— 虚拟裂纹尖端的扩展及环绕裂纹尖端的围线;

$\sigma_{\mathrm{aux}}^{L}, \varepsilon_{\mathrm{aux}}^{L}$ —— 场中的应力和应变代表虚拟应力场 f 产生的应力和应变。

根据选取的虚拟应力场,对于平面应变问题有如下关系式:

$$T = \frac{E}{1 - \nu^2} \frac{I}{f} \tag{3-15}$$

式中 ν, E —— 材料的泊松比和弹性模量。

3.2.3 断裂模型建立及参数获取

根据上述分析,本书采用相互作用积分法获得相关断裂参数。ASCB 试件的应力强度因子(K_{I}、K_{II}),拉应力可用下式表示[109]:

$$K_{\mathrm{I}} = Y_{\mathrm{I}}(a/R, S1/R, S2/R) \frac{P_{\mathrm{f}}}{2Rt} \sqrt{\pi a} \tag{3-16}$$

$$K_{\mathrm{II}} = Y_{\mathrm{II}}(a/R, S1/R, S2/R) \frac{P_{\mathrm{f}}}{2Rt} \sqrt{\pi a} \tag{3-17}$$

$$\sigma^{\mathrm{t}} = \sigma^{*}(a/R, S1/R, S2/R) \frac{P_{\mathrm{f}}}{2Rt} \tag{3-18}$$

式中 $Y_{\mathrm{I}}, Y_{\mathrm{II}}$ —— 试件的 I 和 II 型几何因子;

σ^{*} —— 拉应力系数;

t, P_{f} —— 试件的厚度和断裂载荷;

a/R —— 裂纹长度与试件半径的比值。

模型计算中,材料定义为线弹性体,模型单元为具有八节点的四边形平面应变单元,建立的圆盘试件模型如图 3-5 和图 3-6 所示,试样几何形状、力学参数与试验试样基本相同。试样直径 75 mm,$t = 30$ mm,$a/R = 0.4$,计算时 S_1 设为 30 mm,然后改变 S_2,其值设置为 3.1~30 mm,进行干燥条件下的几何因子模拟研究。试样弹性模量为 3.3 GPa,泊松比为 0.25。以往的研究表明:几何因子仅与试验几何形状有关,而与试样的弹性模量、泊松比等关系不大,因而本数值模拟中仅进行干燥条件下的几何因子计算。

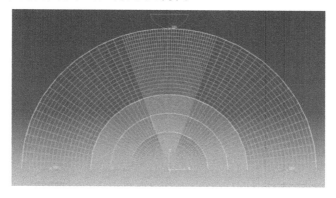

图 3-5 半圆盘有限元模型

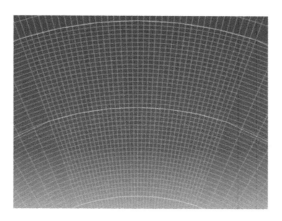

图 3-6 裂纹尖端网格的划分

表 3-1 为相关计算数据;图 3-8 为 ASCB 试样的相关系数 Y_{I}、Y_{II} 和 σ^{*} 随着 S_2 变化趋势图。由图 3-8 可以发现:Y_{I} 在 $S_2 = 30$ mm 时($S_1 = S_2$)获得最大值,而此时 Y_{II} 为 0,这表明此位置试样可以获得纯 I 型断裂力学特征,如图 3-7(a)和图 3-8(a)所示。然后,随着 S_2 的变小,Y_{I} 也随之变小,当 $S_2 = 3.1$ mm 时,Y_{I} 为 0,Y_{II} 为最大值,这表明此位置试样可以获得纯 II 型断裂力学特征,如图 3-7(b)和图 3-8(b)所示。当 S_2 的位置在 $3.1 \sim 30$ mm 之间变化时,Y_{I}、Y_{II} 都不为 0,这表明在这些位置可以获得试样的复合型断裂特征。总之,通过 S_2 位置的变化可以获得试样的纯 I 型、复合型、纯 II 型,ASCB 试样有能力测得全范围的断裂韧度。由图 3-7(c)也可以发现:拉应力系数(σ^{*})随着 S_2 的变小而逐渐变

小,这表明拉应力会影响煤样的断裂力学行为。

表 3-1 ASCB 试样的相关参数计算表

S_2/mm	$Y_{\rm I}$	$Y_{\rm II}$	σ^*
3.1	0.00	1.62	−0.622 4
4.1	0.30	1.49	−0.555 4
5.1	0.60	1.35	−0.491 6
6.1	0.89	1.23	−0.431 9
7.1	1.16	1.11	−0.376 7
8.1	1.42	1.00	−0.326 5
9.1	1.67	0.90	−0.282 4
10.1	1.91	0.81	−0.243 1
11.1	2.14	0.72	−0.209 4
12.1	2.35	0.65	−0.180 9
13.1	2.56	0.58	−0.156 4
14.1	2.75	0.52	−0.135 5
15.1	2.94	0.47	−0.117 9
16.1	3.16	0.40	−0.100 4
17.1	3.34	0.34	−0.085 4
18.1	3.52	0.29	−0.073 1
19.1	3.69	0.24	−0.056 6
20.1	3.86	0.20	−0.042 8
21.1	4.01	0.17	−0.031 1
22.1	4.16	0.14	−0.019 4
23.1	4.30	0.11	−0.010 9
24.1	4.44	0.09	−0.008 0
25.1	4.56	0.07	−0.006 3
26.1	4.68	0.05	−0.005 3
27.1	4.74	0.03	−0.004 5
28.1	4.84	0.02	−0.003 5
29.1	4.93	0.01	−0.002 6
30	4.96	0.00	−0.002 1

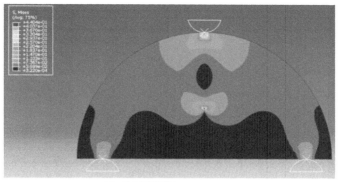

（a）纯Ⅰ型断裂（$S_2 = 30$ mm）

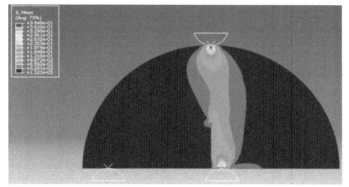

（b）纯Ⅱ型断裂（$S_2 = 3.1$ mm）

图 3-7　纯Ⅰ型或纯Ⅱ型断裂应力状态

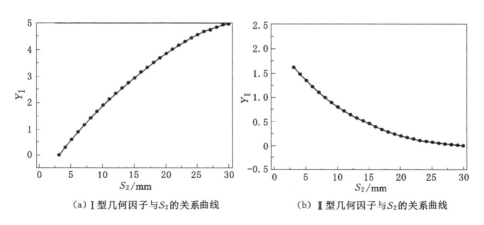

（a）Ⅰ型几何因子与S_2的关系曲线　　　　（b）Ⅱ型几何因子与S_2的关系曲线

图 3-8　ASCB 试件的相关参数与 S_2 的关系曲线

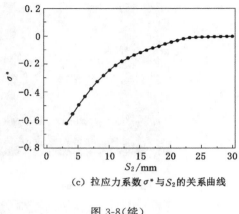

（c）拉应力系数 σ^* 与 S_2 的关系曲线

图 3-8（续）

3.3　ASCB 试样制备及试验准备

3.3.1　ASCB 试样制备

ASCB 试样制备严格按照 ISRM 推荐使用的方法[106-107]，例如：① 试样直径大于粒径的 10 倍或者为 76 mm；② 试样的厚度大于 0.4 倍直径或者为 30 mm；③ 裂纹的长度为 0.4～0.6 倍半径。试验前首先从煤块中加工直径 75 mm、长度 150 mm 的圆柱体，经过切割和磨削工序加工成直径约为 75 mm、厚度约为 30 mm 圆盘试样，试样端面平行度控制在 ±0.02 mm，再将圆盘试样切成两个半圆盘，利用直径 110 mm、厚度 1.0 mm 的超薄金刚石切割片在半圆盘中心切割 0.2 倍半径长的中心直裂缝，宽度约为 1.0 mm，最终获得 ASCB 试样，如图 3-9 所示。

试样制备完成后，放到防水容器中饱水，分别制备含水率为 1.8% 和 3.6% 的 ASCB 试样。

3.3.2　试验准备

本书的断裂试验在华龙电液伺服试验机上进行，如图 3-10 所示。为了保证试验数据的有效性，试验采用小力传感器，其最大量程为 10 kN，这就能够保证试验过程中载荷随着时间的变化能够被准确记录下来。试验采用位移加载控制，速率为 0.5 mm/min。

试验中 S_1 的距离固定为 30.0 mm，即 $S_1/R=0.8$。为了研究不同断裂力

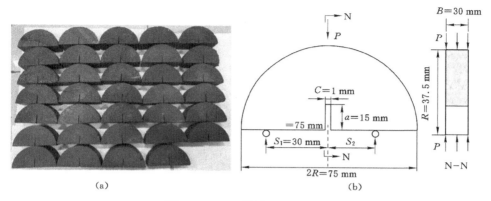

图 3-9 ASCB 煤样及几何尺寸

图 3-10 复合断裂试验设备

学特性,选用 3 组移动的支点距离,分别为 30.0 mm(纯模型 Ⅰ)、7.1 mm 和 3.1 mm(纯模型 Ⅱ)。

此外,为了获得有效的试验数据,每组情况下的加载模式都重复 3 次试验,即共 27 组断裂试验被执行。试件尺寸与编号如表 3-2 所示,其中按照 A-0.5-1 的形式进行编号,A、B 和 C 分别代表干燥试样、含水率为 1.8% 和 3.6% 的试样;0.5 代表混合度参数,混合度系数为 $2/[\pi arctan(K_{\rm I}/K_{\rm II})]$;1 代表编号。

3.4 混合断裂试验结果分析

3.4.1 载荷-位移关系曲线

图 3-11 为干燥、含水率为 1.8% 和 3.6% 所有试样的时间-载荷关系曲线，表 3-2 为试件断裂载荷及应力强度因子。由图 3-11 可以看出：3 种试样不同 S_2 位置情况下，载荷达到峰值后都会迅速跌落，表现出很强的脆性特征。这表明含水率对断裂峰后行为没有明显的影响，这与巴西劈裂试验、单轴压缩试验和常规三轴压缩试验峰后曲线特征不同。从图中还可以看出：3 种试样的纯Ⅱ型峰值载荷较大，而纯Ⅰ型的峰值载荷较小，复合断裂的峰值载荷介于纯Ⅰ型峰值载荷和纯Ⅱ型峰值载荷之间。

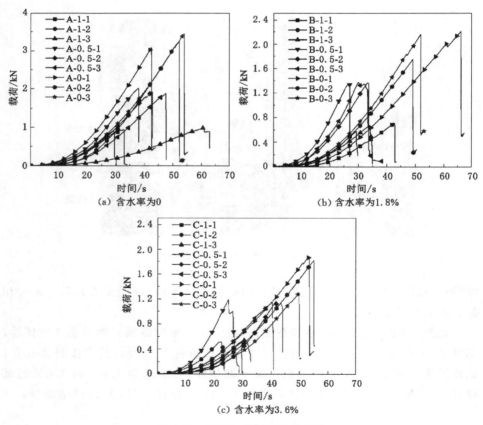

图 3-11 时间与载荷的关系曲线

表 3-2 试件断裂载荷及应力强度因子

试件	断裂模式	断裂载荷 P_f/kN	K_I/(MPa·m$^{1/2}$)	K_{II}/(MPa·m$^{1/2}$)
A-0-1	纯Ⅱ型	3.09	0.00	1.08
A-0-2	纯Ⅱ型	3.25	0.00	1.20
A-0-3	纯Ⅱ型	3.44	0.00	1.13
A-0.5-1	混合型	2.01	0.50	0.47
A-0.5-2	混合型	1.92	0.48	0.44
A-0.5-3	混合型	1.88	0.47	0.44
A-1-1	纯Ⅰ型	0.94	1.00	0.00
A-1-2	纯Ⅰ型	0.90	0.96	0.00
A-1-3	纯Ⅰ型	1.00	1.06	0.00
B-0-1	纯Ⅱ型	2.21	0.00	1.12
B-0-2	纯Ⅱ型	1.75	0.00	0.88
B-0-3	纯Ⅱ型	2.17	0.00	1.09
B-0.5-1	混合型	1.34	0.48	0.45
B-0.5-2	混合型	1.36	0.49	0.46
B-0.5-3	混合型	1.37	0.50	0.46
B-1-1	纯Ⅰ型	0.71	1.09	0.00
B-1-2	纯Ⅰ型	0.57	0.89	0.00
B-1-3	纯Ⅰ型	0.67	1.03	0.00
C-0-1	纯Ⅱ型	1.87	0.00	1.17
C-0-2	纯Ⅱ型	1.82	0.00	1.14
C-0-3	纯Ⅱ型	1.30	0.00	0.82
C-0.5-1	混合型	1.19	0.51	0.48
C-0.5-2	混合型	1.17	0.50	0.47
C-0.5-3	混合型	1.15	0.49	0.46
C-1-1	纯Ⅰ型	0.52	0.95	1.17
C-1-2	纯Ⅰ型	0.52	0.95	1.14
C-1-3	纯Ⅰ型	0.54	1.00	0.82

3.4.2 断裂韧度

图 3-12 为三种试样的断裂韧度,包括纯Ⅰ型和纯Ⅱ型断裂韧度。干燥试

样、含水率为 1.8% 和 3.6% 的试样纯 I 型断裂韧度分别为 0.45 MPa·m$^{1/2}$、0.31 MPa·m$^{1/2}$、0.25 MPa·m$^{1/2}$，纯 II 型断裂韧度分别为 0.51 MPa·m$^{1/2}$、0.32 MPa·m$^{1/2}$、0.26 MPa·m$^{1/2}$。含水率为 3.6% 和为 1.8% 的纯 I 型断裂韧度分别比干燥试样的降低 44.4%、31.1%，纯 II 型断裂韧度分别比干燥试样的降低 49.0%、37.2%。这表明水能够显著降低煤样的断裂韧度。与前面的弹性模量和抗压强度损失率一样，含水率为 1.8% 试样的断裂韧度损失率较大，然后随着含水率的增大，损失率有所降低，但是仍然会弱化其力学行为。

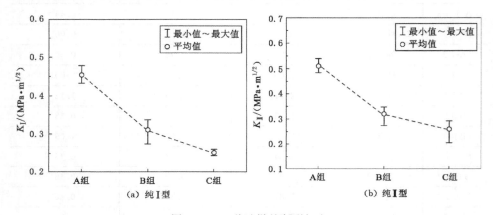

图 3-12　三种试样的断裂韧度

线弹性断裂力学中，常见的复合型断裂准则有 MTS 准则[116]（最大周向应力准则）、S 准则[117]（最小应变能密度因子准则）和 G 准则[118-120]（最大能量释放率准则）。其中 MTS 准则形式比较简单，应用比较广泛，但是没有考虑非奇异项的影响，而 S 准则仅对材料泊松比有依赖性。由式（3-7）可以看出：拉应力同样对材料断裂特性有着重要的作用，特别是对岩石等非均质材料，能显著影响其裂纹起裂和扩展。为了建立更加准确的复合断裂准则，本书通过考虑常数项，在传统 MTS 准则中考虑拉应力的影响，建立 GMTS 准则[121]，研究拉应力对煤样复合断裂特性的影响规律。

基于式（3-7），可以确定 GMTS 准则的开裂角度：

$$K_{I} \sin \theta_0 + K_{II}(3\cos \theta_0 - 1) - \frac{16T}{3}\sqrt{2\pi r_c}\cos \theta_0 \sin \frac{\theta_0}{2} = 0 \quad (3\text{-}19)$$

从公式中可以发现：复合断裂角度主要与 K_I、K_{II}、T、r_c 有关。基于 GMTS 准则，可以根据开裂角度预测断裂特性：

$$\sigma_{\theta\theta}(r_c, \theta_0) = \sigma_{\theta\theta c} \quad (3\text{-}20)$$

即

$$\sqrt{2\pi r_{c}}\,\sigma_{\theta\theta}=\cos\frac{\theta}{2}\Big(K_{\mathrm{I}}\cos^{2}\frac{\theta}{2}-\frac{3}{2}K_{\mathrm{II}}\sin\theta\Big)+\sqrt{2\pi r_{c}}\,T\sin^{2}\theta \qquad (3\text{-}21)$$

对于纯 I 型断裂，即 $K_{\mathrm{I}}=K_{\mathrm{I}c}$，$K_{\mathrm{II}}=0$ 和 $\theta_{0}=0$，式(3-21)可以简化为：

$$\sqrt{2\pi r_{c}}\,\sigma_{\theta\theta}=K_{\mathrm{I}c} \qquad (3\text{-}22)$$

结合式(3-21)和式(3-22)，复合断裂条件下 I 型断裂韧度为：

$$K_{\mathrm{I}c}=\cos\frac{\theta}{2}\Big(K_{\mathrm{I}}\cos^{2}\frac{\theta}{2}-\frac{3}{2}K_{\mathrm{II}}\sin\theta\Big)+\sqrt{2\pi r_{c}}\,T\sin^{2}\theta \qquad (3\text{-}23)$$

结合式(3-16)至式(3-18)，式(3-19)可以写成：

$$Y_{\mathrm{I}}\sin\theta_{0}+Y_{\mathrm{II}}(3\cos\theta_{0}-1)-\frac{16\sigma^{*}}{3}\sqrt{\frac{2r_{c}}{a}}\cos\theta_{0}\sin\frac{\theta_{0}}{2}=0 \qquad (3\text{-}24)$$

式(3-23)两边同时除以 K_{I}：

$$\frac{K_{\mathrm{I}c}}{K_{\mathrm{I}}}=\cos\frac{\theta}{2}\Big(\cos^{2}\frac{\theta}{2}-\frac{3}{2}\frac{K_{\mathrm{II}}}{K_{\mathrm{I}}}\sin\theta\Big)+\sqrt{2\pi r_{c}}\,\frac{T}{K_{\mathrm{I}}}\sin^{2}\theta \qquad (3\text{-}25)$$

式(3-25)根据式(3-16)至式(3-18)可以写成：

$$\frac{K_{\mathrm{I}}}{K_{\mathrm{I}c}}=\left[\cos\frac{\theta_{0}}{2}\Big(\cos^{2}\frac{\theta_{0}}{2}-\frac{3}{2}\frac{Y_{\mathrm{II}}}{Y_{\mathrm{I}}}\sin\theta_{0}\Big)+\sqrt{\frac{2r_{c}}{a}}\frac{\sigma^{*}}{Y_{\mathrm{I}}}\sin^{2}\theta_{0}\right]^{-1} \qquad (3\text{-}26)$$

同理获得：

$$\frac{K_{\mathrm{II}}}{K_{\mathrm{I}c}}=\left[\cos\frac{\theta_{0}}{2}\Big(\frac{Y_{\mathrm{I}}}{Y_{\mathrm{II}}}\cos^{2}\frac{\theta_{0}}{2}-\frac{3}{2}\sin\theta_{0}\Big)+\sqrt{\frac{2r_{c}}{a}}\frac{\sigma^{*}}{Y_{\mathrm{II}}}\sin^{2}\theta_{0}\right]^{-1} \qquad (3\text{-}27)$$

由上面的公式可以看出：参数 r_{c} 对于使用 GMTS 准则至关重要。r_{c} 为断裂过程区尺寸[122]，如图 3-13 所示，在图 3-3(a)所示阶段 1，裂纹尖端附近存在初始裂纹，随着载荷的增加，尖端附近裂纹会萌生、扩展(阶段 2)，形成一定范围的损伤区(阶段 3)。随着载荷的进一步增加，裂纹不断扩展，并最终贯通形成宏观裂纹(阶段 4)。岩石材料断裂过程中，断裂过程区是真实存在的，图 3-14 为试验过程中裂纹尖端声发射特征[123]，这进一步证明了有必要确定断裂过程区的尺寸。

本书采用 R. A. Schmidt[124]建议的断裂过程区的尺寸：

$$r_{c}=\frac{1}{2\pi}\Big(\frac{K_{\mathrm{I}c}}{\sigma_{t}}\Big)^{2} \qquad (3\text{-}28)$$

把煤样试件抗拉强度 1.91 MPa、1.19 MPa、0.86 MPa 和 I 型断裂韧度 0.45 MPa·$m^{1/2}$ 代入式(3-28)可得 r_{c} 值。需要特别强调的是，计算断裂过程区尺寸的公式还有很多，这些公式基本都与抗拉强度、断裂韧度等参数有关，但是到目前为止，具有说服力的计算公式仍未被提出，许多公式仍具有争议。D. Singh 等[126]、M. R. Ayatollahi 等[127]指出脆性材料(如陶瓷、岩石)的断裂过程区的尺寸是不能使用公式进行计算的，主要依靠材料的结晶尺度。因此，在随

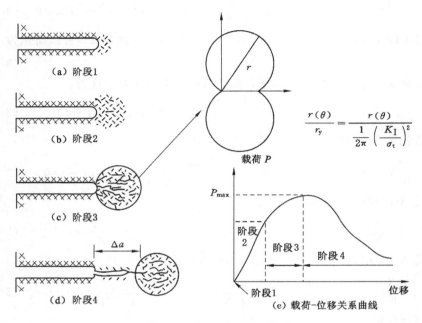

（a）阶段1

（b）阶段2

（c）阶段3

（d）阶段4

$$\frac{r(\theta)}{r_y} = \frac{r(\theta)}{\frac{1}{2\pi}\left(\frac{K_{\mathrm{I}}}{\sigma_{\mathrm{t}}}\right)^2}$$

载荷 P

（e）载荷-位移关系曲线

图 3-13　断裂过程区的形成

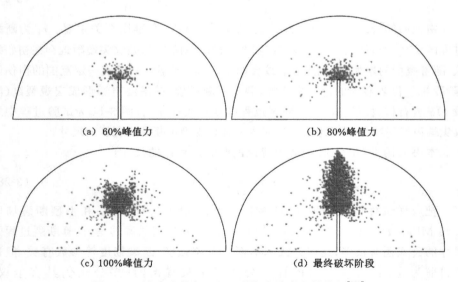

（a）60%峰值力

（b）80%峰值力

（c）100%峰值力

（d）最终破坏阶段

图 3-14　试验过程中 ASCB 裂纹尖端声发射特征[123]

后的讨论中,计算得到的 r_c 仅作为一个参考值。

图 3-15 为广义最大环向拉应力及断裂韧度比值。由图 3-15 可以看出:考虑拉应力的准则在混合度为 1 和 0.5 时,拟合精度较好,但是在混合度为 0 时,$K_{\mathrm{II}}/K_{\mathrm{IIc}}$ 的试验值偏大,为 0.8~1.2。而 MTS 和考虑拉应力的 GMTS 准则偏小,基本都在 0.65 左右。这表明尽管 GMTS 准则考虑拉应力的作用,但是仍与试验断裂韧度比值存在一定的差距。I. L. Lim 等[108]、M. R. Ayatollahi 等[128]指出混合断裂理论可以通过 I 型与 II 型断裂韧度比值($K_{\mathrm{IIc}}/K_{\mathrm{Ic}}$)来反映,表 3-3 给出了不同断裂准则预测的 $K_{\mathrm{IIc}}/K_{\mathrm{Ic}}$。根据试验结果得到干燥试样、含水率为 1.6% 和 3.6% 试样的 $K_{\mathrm{IIc}}/K_{\mathrm{Ic}}$ 分别为 1.13、1.03、1.04。

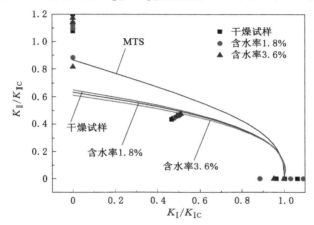

图 3-15　广义最大环向拉应力及断裂韧度比值

表 3-3　不同断裂准则预测的 $K_{\mathrm{IIc}}/K_{\mathrm{Ic}}$

断裂准则	$K_{\mathrm{IIc}}/K_{\mathrm{Ic}}$	准则提供者
$G_{\max}$	0.87	K. Palaniswamy 等[118]
	0.75	Y. Ueda[120]
MTS	0.87	F. Erdogan 等[116]
GMTS($r_c=1.3$ mm)	2.02	D. J. Smith 等[121]
$S_{\min}$(平面应力,$\nu=0.23$)	1.04	G. C. Sih[117]
$S_{\min}$(平面应变,$\nu=0.23$)	0.99	G. C. Sih[117]
	1.13	本书试验结果(干燥试样)
	1.03	本书试验结果(含水率为 1.8%)
	1.04	本书试验结果(含水率为 3.6%)

3.4.3 起裂角

为了研究试样破坏轨迹,采用起裂角进行定量分析。起裂角的测量方法如图 3-16 所示,破坏方向与载荷加载方向的夹角为起裂角。实际测量过程中,部分试样两面会出现起裂角不一致,这可能是煤样的非均质性造成的,图 3-17 给出的是两面出现的起裂角的平均值。图 3-17 展示了最大环向应力预测的起裂角与混合度系数的关系,其中混合度系数为 $2/[\pi\arctan(K_{I}/K_{II})]$。由图 3-17 可以看出:最大环向应力预测值普遍偏大,如纯 II 型时最大环向应力预测的角度为 70.5°,而实测值为 39°~52°,其中含水率 3.6% 试样纯 II 型测得值明显偏低。此外,复合断裂的起裂角实测值也比预测值明显偏低,这充分表明最大环向应力并不能很好地预测起裂角。由图 3-17 也可以看出:含水率 3.6% 的起裂角总体偏小。

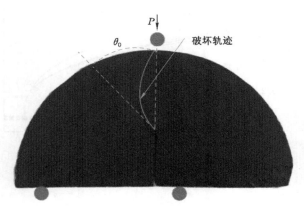

图 3-16　起裂角测量方法

3.4.4 破坏模式

表 3-4 给出了三种试样的破坏模式。从表 3-4 可以看出:纯 I 型主要为与加载方向平行的裂纹,由于煤样材料的非均质性,部分试样(如 B-1-2、C-1-3)破坏的两半试样并不对称。纯 II 型断裂和复合型断裂破坏轨迹并不与加载方向平行,而是首先以一定的角度开始起裂,然后随着载荷的增加,试样内部的应力不断重新调整,裂纹扩展方向也不断变化,形成具有一定弧度的裂纹,但是裂纹最终向加载端不断靠近。

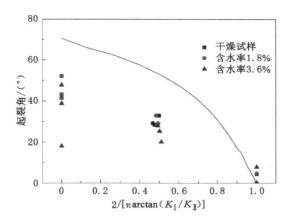

图 3-17   最大环向拉应力预测起裂角与试验实测值

表 3-4   三种试样的破坏模式

试样类型	含水率	破坏模式		
纯Ⅰ型	0	A-0-1	A-0-2	A-0-3
	1.8%	B-0-1	B-0-2	B-0-3
	3.6%	C-0-1	C-0-2	C-0-3

表3-4（续）

试样类型	含水率	破坏模式		
纯Ⅱ型	0	A-1-1	A-1-2	A-1-3
	1.8%	B-1-1	B-1-2	B-1-3
	3.6%	C-1-1	C-1-2	C-1-3
复合型	0	A-0.5-1	A-0.5-2	A-0.5-3
	1.8%	B-0.5-1	B-0.5-2	B-0.5-3
	3.6%	C-0.5-1	C-0.5-2	C-0.5-3

3.5　ASCB 试验数值模拟结果

为了进一步研究 ASCB 含水煤样断裂机理,采用 ABAQUS 数值模拟软件研究含水煤样的断裂失稳全过程。由前面试验结果可知:煤样断裂破坏过程具有明显的脆性特征,本书采用扩展有限元(XFEM)技术模拟压裂扩展过程。同时考虑到试样的断裂特性在厚度方向差异较小,为简化计算,兼顾分析效率和计算精度,采用平面应变单元 CPE4R 进行试样建模,并考虑单元厚度为 30 mm。含水率对试样裂纹扩展的影响主要表现为对试样材料刚度与强度参数的影响,该部分的影响由材料参数、部分的弹性模量和抗拉强度体现。试样的材料本构模型选用线弹性损伤本构模型。为简化计算,忽略试样上方压具和下方支架的形变,将其考虑为解析刚体,提高接触计算的稳定性。

由图 3-18 可以看出:断裂过程的载荷-位移关系曲线表现出明显的脆断特性,即载荷随着加载位移的增加首先线性上升,到达临界点后迅速衰减到零载状态。Ⅰ型裂纹最先扩展,Ⅱ型裂纹最后扩展,混合型裂纹介于二者之间。Ⅱ型裂纹的断裂载荷最大,混合型次之,Ⅰ型断裂载荷最小。图 3-19 为峰值载荷数值模拟结果与试验结果的对比情况。由图 3-19 可知:数值模拟所得到数据与试验数据具有很好的一致性,说明本书采用的数值模拟研究方法具有较高的可信度。另外,由于煤样的非均质性和各向异性等特点,对本书的对比结果也有一定的影响。

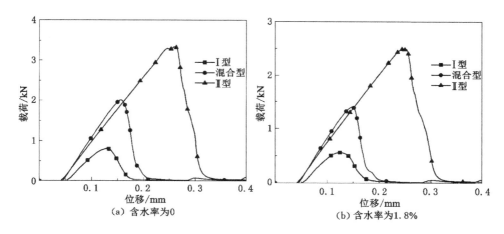

图 3-18　三种试样位移-载荷关系曲线(数值模拟结果)

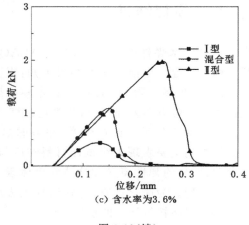

(c) 含水率为3.6%

图 3-18(续)

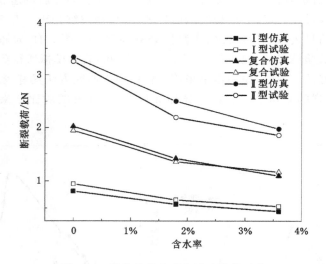

图 3-19　峰值载荷仿真与试验数据对比

　　表 3-5 为三种试样的压裂扩展应力云图。图 3-20 至图 3-22 给出了含水率为 1.8% 的试样 I 型、复合型和 II 型断裂全过程应力云图。可以明显看出：不同含水条件下 I 型裂纹与加载方向平行，而 II 型和复合型裂纹开始往左边偏转，然后逐渐达到加载端附近，这与试验结果相似（表 3-4）。

表 3-5　三种试样的压裂扩展应力云图

含水率	Ⅰ型	复合型	Ⅱ型
0			
1.8%			
3.6%			

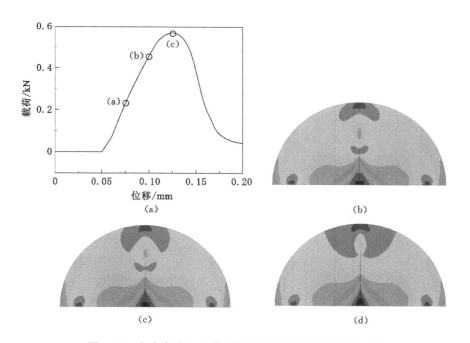

(a)　(b)　(c)　(d)

图 3-20　含水率为 1.8% 试样Ⅰ型裂纹扩展过程应力云图

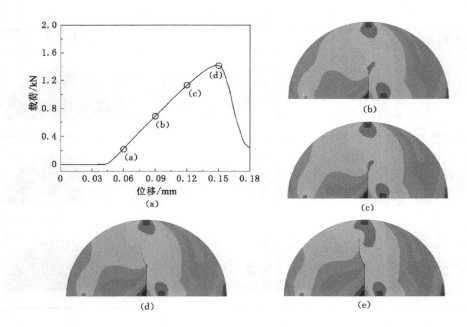

图 3-21　含水率为 1.8％试样复合型裂纹扩展过程应力云图

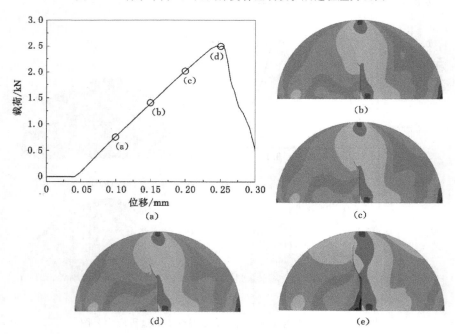

图 3-22　含水率为 1.8％试样 Ⅱ 型裂纹扩展过程应力云图

需要强调的是,从表 3-5 及图 3-20 至图 3-22 可以看出:混合型扩展路径与 Ⅱ 型有着基本的相似性,但裂纹的偏转趋势明显弱于 Ⅱ 型。同时在加载端附近与下方右侧支架位置附近,由于局部的应力集中,在这些位置附近也出现了明显的局部微裂纹分布,这将在 3.6 节中进一步讨论。

3.6　NSCB 试验与 ASCB 试验的优缺点讨论

I. Lim 等[108]进行了切槽角度为 0°～60° 的 NSCB 试验。图 3-23 为所有试样的破坏模式。从图 3-23 可以看出:切槽角度较低(0°～45°)时,裂纹是从切槽尖端开始起裂,然而,随着切槽角度的增加,裂纹并没有从切槽尖端开始起裂,特别是切槽角度为 60° 时,很多试样出现这种破裂模式。显然,这与理论存在一定的差别,可能会影响断裂力学参数的测量。

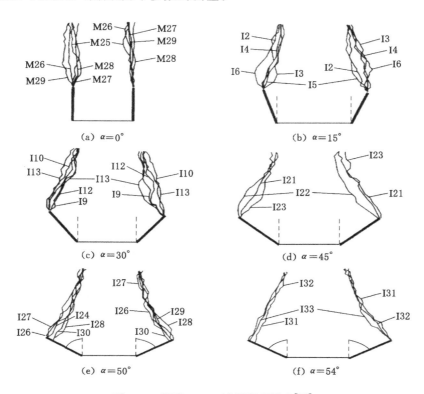

图 3-23　泥岩 NSCB 试样断裂模式[108]

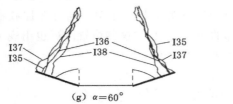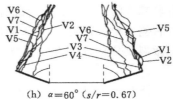

$(g)\ \alpha=60°$ $(h)\ \alpha=60°\ (s/r=0.67)$

图 3-23（续）

为了克服 NSCB 试验研究复合断裂力学特性的不足，也为了克服对大角度斜切槽加工高精度的要求，Ayatollahi 团队在 2011 年提出采用 ASCB 试验研究材料的断裂力学特性，已成功应用于有机玻璃、混凝土、聚氨酯等材料的断裂性能测试。与 NSCB 试验类似，ASCB 试验也得到了一些非预期的破坏模式。图 3-24 为 PMMA[109]、聚氨酯[112]、混凝土[110-111]和煤[129]的破坏模式。从图 3-24 可以发现：除了 PMMA 材料，其他三种材料都在纯Ⅱ型断裂时出现了非预期的破坏模式。聚氨酯右边支架处出现了小幅度破裂，混凝土是尖端出现与加载方向一致的裂纹。煤样则是裂纹并未从切槽尖端起裂，而是从右侧支座处起裂，并贯穿至试件顶端。四种材料中，PMMA 和聚氨酯材料较为均质，混凝土和煤样为典型的非均质材料，这可能的原因是进行纯Ⅱ型断裂韧度测量时，一边底座支架靠近切槽，可能造成该区域存在明显的应力集中，这使得支架移动时轻微误差可能造成Ⅱ型断裂力学参数的测量失败。

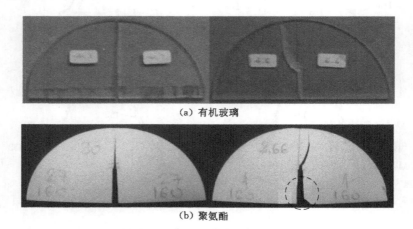

(a) 有机玻璃

(b) 聚氨酯

图 3-24　不同材料 ASCB 试样的断裂模式

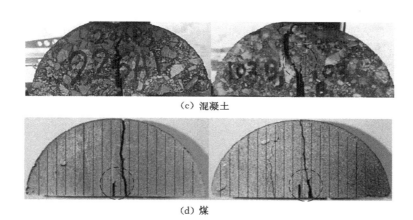

（c）混凝土

（d）煤

图 3-24（续）

尽管 NSCB 和 ASCB 试验都存在非预期的破坏模式，不过笔者认为控制底座支架的容易程度远大于加工大倾角斜切槽。此外，从图 3-24 发现：本书试验中 ASCB 试验并没有出现非预期的破坏模式试样。M. R. Ayatollahi[109]、M. R. M. Aliha[110-111]、赵毅鑫等[129]通过分析对比不同切槽深度 ASCB 试样的断裂模式，发现非预期破坏大多数出现在切槽深度较小时的试样。因此，选择合理的切槽深度能够有效避免 ASCB 试验时出现非预期的破裂模式。

3.7 本章小节

本章主要通过 ASCB 试验、数值模拟，研究水对煤样复合断裂韧度、起裂角和破坏模式的影响，探讨了 NSCB 试验与 ASCB 试验的特点，主要得到以下结论：

（1）煤试样纯 I 型、纯 II 型断裂韧度随着含水率的增大而逐渐减小。干燥试样、含水率 1.8% 和 3.6% 的煤试样纯 I 型断裂韧度分别为 0.45 MPa·m$^{1/2}$、0.31 MPa·m$^{1/2}$、0.25 MPa·m$^{1/2}$，纯 II 型断裂韧度分别为 0.51 MPa·m$^{1/2}$、0.32 MPa·m$^{1/2}$、0.26 MPa·m$^{1/2}$。含水率为 3.6% 和 1.8% 的纯 I 型断裂韧度分别比干燥试样的降低了 44.4%、31.1%，纯 II 型断裂韧度分别比干燥试样的降低了 49.0%、37.2%。

（2）干燥试样、含水率 1.8% 和 3.6% 的煤试样的 K_{IIC}/K_{IC} 值分别为 1.13、1.03、1.04。考虑拉应力的准则在混合度为 1 和 0.5 时，拟合精度较好，但是在混合度为 0 时，K_{II}/K_{IIC} 比值靠近最大环向拉应力准则预测值。

（3）干燥试样、含水率 1.8％和 3.6％的煤试样在不同混合度情况下的最大的环向应力预测的起裂角都大于实测值，试样起裂角随着含水率的增大逐渐减小。

4　动力扰动下含水煤样的断裂力学特性

随着人们对煤样断裂失稳问题研究的不断深入,发现煤样断裂失稳除了受静应力的影响外,还与动载荷有着密切关系。在煤炭资源开采过程中,动力扰动源普遍存在[9],如坚硬煤样卸压爆破、基本顶的周期断裂、煤与瓦斯突出或者冲击地压、采煤机破煤时的机械扰动等。这些动载荷携带能量以应力波的形式扩散传播,成为煤样失稳断裂的重大诱因[12]。现有研究结果表明:煤样在受到动载、静载作用时,其力学特征存在明显差异,如裂纹在动载作用下响应更为敏感,扩展速度更快。因而,在一定的条件下,微小的扰动都可能诱发煤样失稳断裂,从而造成工程灾害。

水在静载作用下主要是软化、损伤、破坏煤样内部结构的黏结程度,进而影响其力学特征。饱和状态时,砂岩强度可以损失 15%,在极端饱水条件下蒙脱质黏土页岩强度可能完全丧失[130]。K. Hashiba 等[131]发现饱水后岩石的抗拉强度和抗压强度降低率呈线性关系,二者降低率的比值大致为 1.61。然而,动力扰动下,其力学特性与静态作用下存在显著差异,裂纹尖端应力集中程度高,扩展速度快。此外,当冲击速度较快时,裂纹中的水会产生一定的刚度,形成孔隙水压力,这将进一步影响煤样的力学性能。因此,对含水材料的力学特性的研究一直是国内外研究的重点和热点,然而,以往成果主要集中在含水岩石的动态力学特性,对含水煤试样的动态断裂行为的研究不是很多,特别是很少涉及水对煤样的动态断裂韧度、裂纹扩展速度等的影响。本章基于修改后的 SHPB 试验系统开展了不同含水试样的动态断裂试验,并通过高清摄像系统和裂纹的扩展计(CPG)监测了裂纹的扩展情况,重点阐述了动力扰动下水对断裂韧度、裂纹扩展速度等力学特性的影响机制。

4.1　SHPB 试验系统原理

采矿工程中岩石的力学特性存在明显的时间相关性[6],如爆破冲击下煤样的破坏可能在毫秒内发生,顶板岩块在 1 s 内滑落,蠕变导致巷道断面面积减小可能需要几年甚至几十年。采矿工程活动中必须考虑时间相关性,鉴于时间跨度及覆盖如此广泛,考虑应变率(加载率)则更为简单、普遍。图 4-1 为不同应变率对应的测试方法和采矿工程应用[6]。由图 4-1 可以看出:不同应变率时的工程应用,室内采取不同的试验设备和方法。软岩蠕变,需要采用蠕变试验机来研究岩体的蠕变力学特性;武器打击、爆炸侵彻等主要采用轻气炮进行研究。在机械冲击、爆破振动、冲击地压、煤与瓦斯突出等动力扰动下,载荷产生的应变率通常为 $10^1 \sim$ $10^3 \ s^{-1}$。此时,SHPB 试验系统一般是研究这个区段应变率下的材料动态力学性能较为常用和可靠的设备,也是本书需要重点研究的内容。

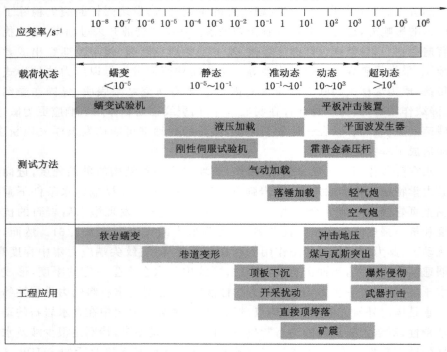

图 4-1　不同应变率对应的测试方法及采矿工程应用[6]

分离式霍普金森压杆是现今世界上公认的最成熟且应用最广泛的现代试验方法,这主要归功于 J. Hopkinsong 父子的贡献[132]。1872 年,J. Hopkinson 为了解钢丝在突然施加的强动载荷下的性能,进行了钢丝冲击试验[133],如图 4-2(a)所示,他揭示了动力学过程中的两个基本效应——惯性效应和应变率效应。1914 年,B. Hopkinsong 设计的一种测量应力波的压杆[133],研究应力波在长杆中的传播规律,这在当时没有示波器等测量仪器的情况下无疑具有明显的创新性,如图 4-2(b)所示。随后许多学者对霍普金森压杆进行了不同程度的改造,而经过 Kolsky 等设计的试验设备与现代的霍普金森压杆十分相似[134-135]。

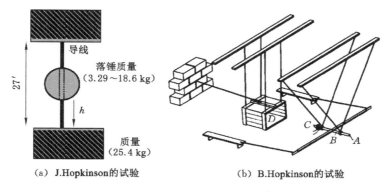

（a）J.Hopkinson的试验　　　　　（b）B.Hopkinson的试验

图 4-2　两个经典的动力学试验[133]

霍普金森压杆最早被用于对金属材料动态性能方面的研究,而对岩石材料动态力学特征的研究起步较晚。较早的是 20 世纪 70 年代 A. Kumar[136]、R. J. Christensen[137]对岩石材料动态力学特征的研究。随后,直到 20 世纪 80 年代,国内许多学者(王礼立、胡世胜等)及科研院所(中国科学技术大学、北京理工大学、中南大学等)都对 SHPB 试验装置及各种材料的动态性能进行了大量的研究,这些都极大地促进了岩石动态力学的发展[138]。

图 4-3 为典型的 SHPB 试验装置示意图。试样位于入射杆和透射杆之间,试验前,通过右边气阀开关可使氮气进入发射装置,试验过程中释放发射装置中的氮气,使发射管中的冲头以一定的速度撞击入射杆。冲头速度可以根据发生装置中的氮气量来控制。

冲头冲击入射杆后会产生应力脉冲。在满足一维应力平衡条件下[138],应力脉冲会以一定的速度($C_e = \sqrt{E_e/\rho_e}$)在入射杆中传播,当传播至岩石与入射杆接触面 X_1 时(图 4-4),由于入射杆与岩石的波阻抗存在差异,应力波一部分会在接触面 X_1 上发生反射,另一部分应力波会发生透射,透射应力波会继续在岩石中传播,当到达岩石与透射杆接触面 X_2 时,同理,透射应力波一部分会在接触面 X_2 上发生反射,一部分会发生透射,透射应力波继续在透射杆中传播。由于岩石试样长度一般远低于入射和透射压杆,应力脉冲来回岩石两端的时间十分短暂,经过多次来回的反射和透射后,岩石两端的应力基本相等,进而可以通过应力平衡原理,根据入射和透射杆上的电信号计算出岩石的动态力学参数。

图 4-4 为应力波在试样与入射杆和透射杆交界面上的作用。当两界面处的应力经过多次反透射后趋于平衡时,可以根据以下公式计算试样的平均应力、应变和应变率[138]。

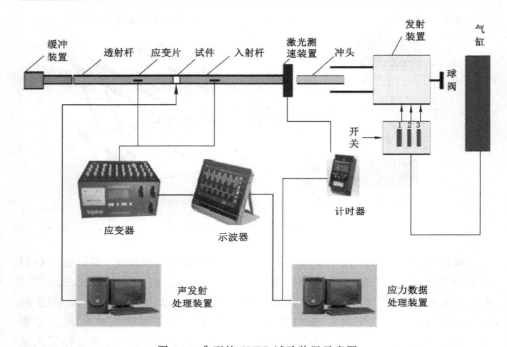

图 4-3 典型的 SHPB 试验装置示意图

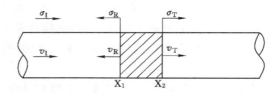

图 4-4 应力波在试样与入射杆和透射杆交界面上的作用

$$\sigma(t) = [\sigma_I(t) - \sigma_R(t) + \sigma_T(t)]A_e/(2A_s) \qquad (4\text{-}1)$$

$$\varepsilon(t) = \frac{1}{\rho_e C_e L_s}\int_0^t [\sigma_I(t) + \sigma_R(t) - \sigma_T(t)]\mathrm{d}t \qquad (4\text{-}2)$$

$$\dot{\varepsilon}(t) = \frac{1}{\rho_e C_e L_s}[\sigma_I(t) + \sigma_R(t) - \sigma_T(t)] \qquad (4\text{-}3)$$

式中　A_e——弹性杆的面积；

　　　A_s——试样的横截面面积；

　　　ρ_e——弹性杆的密度；

　　　C_e——弹性杆的波速；

　　　l_s——试样的长度；

t——应力波的持续时间；

$T(t)$，$\sigma_R(t)$，$\sigma_T(t)$——某一时刻 t 的入射应力、发射应力和透射应力，其中，入射应力和透射应力取压应力为正，反射应力以拉应力为正。

然而，应力脉冲并不能直接获得，而是基于弹性杆上的应变片信号值推导求出。$\varepsilon_I(t)$ 和 $\varepsilon_R(t)$ 为入射杆上应变片记录的入射波和反射波的电信号，$\varepsilon_T(t)$ 为透射杆上应变片记录的透射波的电信号。

当满足一维应力波理论时，有：

$$\varepsilon_I(t) + \varepsilon_R(t) = \varepsilon_T(t) \tag{4-4}$$

那么式(4-1)至式(4-3)可以写成：

$$\sigma_s = \frac{E_e A_e}{A_s} \varepsilon_T \tag{4-5}$$

$$\varepsilon_s = -\frac{2C_e}{L_s} \int_0^t \varepsilon_R \, dt \tag{4-6}$$

$$\dot{\varepsilon} = -\frac{2C_e}{L_s} \varepsilon_R \tag{4-7}$$

4.2   传统 SHPB 测试过程中存在的难点

SHPB 试验系统最早用于研究金属材料的动态力学特征，由于金属材料均质、弹性模量高、强度高，试验能够准确、方便地获得不同应变率时的金属材料的力学特征。相应的，使用霍普金森压杆测试高强度的花岗岩、大理岩、砂岩和混凝土等材料时也能够得到较好的试验数据。然后，在测试较低强度材料时，如假人皮肤、纸箱纸板、生物组织等，较多的因素影响不能忽略，其中透射波信号弱是主要问题之一，如图 4-5 所示，从图中可以看出冲击过程中透射波信号几乎为 0。

由 SHPB 试验原理可知：应力脉冲在试样中经过几次反透射后其内部才能达到应力平衡，由于应力波在高强度材料中传播速度较快，试样在峰值强度之前应该很快达到应力平衡，然而，对于低强度的材料，应力波在其内部传播的速度较慢，那么达到应力平衡需要的时间就会比较长，很有可能出现试样破坏了但是它并没有达到应力平衡，这就很难保证试验结果的有效性。尽管本书选用的是高强度的煤样，但是试验主要研究的是煤样的断裂力学特性，由静载荷试验结果可知：半圆盘煤样试样结构的强度非常低，特别是饱水之后，其强度更低。因此，有必要对试验系统进行优化，进而准确获得试验数据。

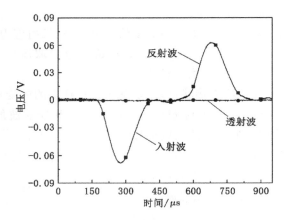

图 4-5　采用常规测试方式测量的饱水半圆盘煤样信号

低强度材料出现透射波信号弱的主要原因是其波阻抗远低于杆的波阻抗，如杆材料铬的弹性模量为 250 GPa，煤样的弹性模量为 2 GPa，二者相差 125 倍，因而大部分的应力波通过入射杆与试样界面反射回来后只有很少的一部分传播至透射杆，因而透射波的信号非常弱。

针对上述问题，本书主要采取了以下措施：

(1) 针对透射波信号非常弱的问题，加工铝圆杆代替铬材料的金属杆，如图 4-6 所示。由于铝的弹性模量为 70 GPa，为铬材料弹性模量的 0.28 倍，在相同的条件下，降低入射和透射的杆的弹性模量可以增强透射波的信号。

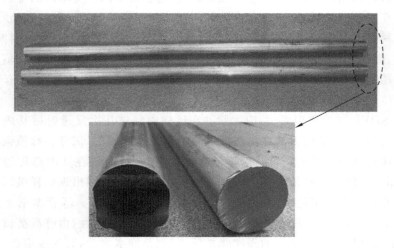

图 4-6　铝制材料入射杆和透射杆

（2）加工了整体带底座支架的透射杆，如图 4-6 所示。以往部分研究断裂韧度只加工了独立的底座支架。试验时，将底座支架套入透射杆，这使得透射波经过试验后，要通过底座与透射杆界面才能到达监测的应变片位置，这或多或少会造成透射波的衰减，进而影响试验结果。

（3）异形冲头技术，试验采用中南大学李夕兵教授及其团队研制的修改后的 SHPB 试验系统[12]，该系统设计了合理的冲头（图 4-7），可以获得稳定的可重复加载的半正弦波形，可以减少或者消除波形振荡。

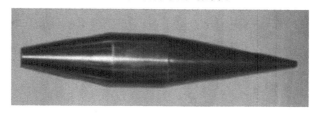

图 4-7　纺锤形冲头

4.3　SHPB 试验装置及测试系统

4.3.1　SHPB 试验装置

本书试验装置采用中南大学李夕兵教授及其团队研制的修改后的 SHPB 试验系统[12]，如图 4-8 所示。修改后的 SHPB 试验设备不仅可以对材料进行无围压的冲击试验，也可以进行不同轴压和围压下的动静组合试验，因为实际工程中围岩体在承受动态载荷之前往往处于一定的静应力环境中，即"静应力＋动应力扰动"组合应力状态。该设备可同时施加轴压（0～500 MPa）和围压（0～200 MPa），应变率可达到 $10^0 \sim 10^3 \, \mathrm{s}^{-1}$。由于该系统具有良好的可靠性等优点，目前国内外许多学者都采用该设备进行不同材料的动态力学性能的研究，研究成果为研究深部岩体灾害的发生机制及防治提供了一定的理论参考。

试验系统压杆采用直径为 50 mm 的铝材质实心圆柱杆，其弹性模量和泊松比分别为 70 GPa、0.3。密度和纵波波速分别为 2 700 kg/m³、5 200 m/s。试验信号的获取与常规测试手段一样，主要通过入射杆和透射杆上的应变片（2 mm×1 mm）来获取电信号，最终间接得到煤样的动态力学特征。此外，试验过程中采用高清摄像仪监测试样加载至破坏的全过程，相关参数的设置后面内容将介绍。

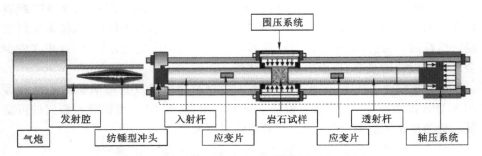

（a）SHPB装置的三维动静组合加载试验系统示意图

（b）动静组合加载试验系统实物图

图 4-8　基于 SHPB 装置的修改后的动静组合加载试验系统

4.3.2　SHPB 试验装置冲头

一般而言,材料的 σ-ε-$\dot{\varepsilon}$ 关系的获得是基于一维应力波原理得到的,也就是说,应力波通过弹性杆后假定杆的平截面仍然保持不变。然而,事实上,应力波都是由各种谐波叠加组合而成的,那么应力波在弹性杆中传播的过程中,各个分量会按照自身的相速进行传播,因此,在传播过程中应力波波形会散开,这称为弥散效应[138]。

对于金属材料而言,由于其强度高且较为均质,相对于试样的实际受力,应力波传播过程中的波形振荡偏小,因而弥散效应对试样结果的影响是可以接受的。然而,对于岩石材料,由于其典型的非均质性、各向异性等特点,且强度远低于金属材料,那么应力波在岩石中传播会产生较大的振荡,这与岩石试样的实际受力相比,可能相差不大,因此,振荡对岩石试样测量结果的影响不容忽视。

为了减小或者消除波形振荡对岩石试样测量结果的影响,目前国内外有两种典型的方法:第一种是整形器,即在入射杆前端贴上垫片,垫片的形式有很多种,如铜片、铝片、聚四氟乙烯等,垫片的主要作用是延长应力波的上升时间,同时为了过滤掉冲击过程中产生的振荡,进而降低弥散效应的影响。由于垫片的获取十分简单,整形器技术在圆柱形冲头冲击过程中使用较多,但是由于垫片较薄,试验过程中垫片很容易被高速冲头冲击而变形,重复使用效果较差。第二种是异形冲头技术,这种方法的主要原理也是为了获取较长的应力波上升时间,同时减小弥散效应的影响。这种方法的优点是可重复性好,同时可以满足恒应变率下的加载。

目前国内外使用较为广泛的异形冲头技术主要是中南大学李夕兵教授团队设计的纺锤形冲头[12],使用该冲头试验过程中能够产生半正弦波形,波形光滑,稳定性较好,并且能够实现恒应变率下的加载,该技术也是国际岩石动力学会推荐使用的方法之一。该冲头的最大直径与入射杆和透射杆的直径相等,本书也采用此冲头进行试验研究。图 4-9 为纺锤形冲头冲击出的各个应力波信号,从图中可以明显看出:入射波、反射波和透射波三个波形都近似半正弦,曲线光滑且没有出现明显的 P-C 振荡,同时发射波出现平台,说明该冲头加载条件下能够实现恒应变加载。

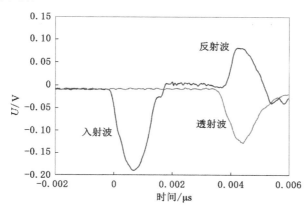

图 4-9　纺锤形冲头冲击出的入射波、反射波和透射波

4.3.3　SHPB 试验数据采集系统

入射杆和透射杆上粘贴型号为 BX120-2AA 的应变片,敏感栅尺寸为:长 2 mm×宽 1 mm,基底尺寸为:长 4.5 mm×宽 2.4 mm,电阻为 120 Ω,灵敏度系数为 2.08。应变片连接方式主要基于惠斯通电桥原理。应变仪采用北戴河

仪器厂生产的 SDY2017A 型号的超级动态应变仪,如图 4-10 所示。应变系数为 2.0,灵敏度为 0.1 V/ 100 $\mu\varepsilon$,适用电桥电阻为 60～5 000 Ω,平衡方式为自动平衡,时间大约为 2 s。

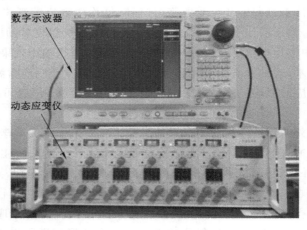

图 4-10　数字示波器与动态应变仪实物图

为了保证试验数据的有效性和可靠性,试验示波器采用日本横河 YOKOGAWA 生产的 DL750 数字记录仪来进行分析(图 4-11),其具有良好的采集存储系统。试验每隔 1 μs 采集 1 个点,总共采集了 1 000 个点,总时长为 1 ms。示波器上入射杆和透射杆连接通道电压为 $\pm$500 mV,采用自动触发方式,触发电压为 -25 mV。

与静态加载不同,SHPB 动态试验过程十分短暂,试样从开始受力到破坏全过程可能只有上百微妙,有的甚至为几十微妙,常规的摄像设备无法捕捉。为此,本次试验过程中采用美国 Vision Research 公司生产的超高速摄像机 Phantom v2512 记录岩石的整个破坏过程,如图 4-11 所示。该高速摄像机具有优越的采集系统,超强的灵敏度,传感器为 1 280$\times$800 CMOS,最大采集速率为 1 000 000 帧/s,全屏采集速率可达到 25 700 帧/s。为了能够拍摄到试样全部面积又能保证拍摄质量,试样分辨率设置为 512 像素$\times$320 像素,fps 设置为 10 000,即每隔 10 μs 采集 1 张。此外,为了保证试验数据的精度,拍摄时相机的镜头要与试样表面垂直。同时使用两个 Godox SL150W 连续环形光源,如图 4-11 所示。

4.3.4　裂纹扩展计及其使用

本书采用深圳微量电子科技有限公司生产的型号为 BKX5-10CY-10-1.5-W 的裂纹扩展计(CPG)来测定含水煤样裂纹扩展速度,研究水对煤样裂纹扩展速

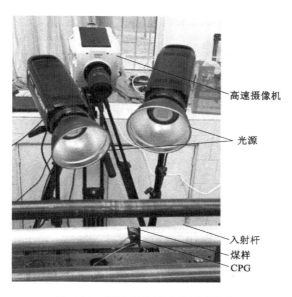

高速摄像机

光源

入射杆
煤样
CPG

图 4-11　高清摄像试验及配套设备

度的影响,如图 4-12 所示。CPG 主要由基底和敏感栅组成,敏感栅由 10 根等长铜薄片组成,总长度为 13.5 mm,宽度为 5 mm,相邻两根栅丝的间距为 1.5 mm。但这 10 根铜薄片宽度不同,因而每根的电阻也并不相同,CPG 总的电阻约为 2 Ω。粘贴 CPG 时要使其与裂纹预期扩展方向平行,同时电阻最小的栅丝要靠近裂纹尖端,而电阻最大的栅丝要远离裂纹尖端,如图 4-12 所示。

CPG 线路链接如图 4-13 所示,采用型号为 HY3005ET 的直流稳压电源提供 20 V 恒压,电阻 R_{C2} 为 50 Ω,与 CPG 并联后再整体与大电阻 R_{C2}(1 000 Ω)串联。这样电路连接的主要目的是使恒压源产生的电压对 CPG 测量性能造成影响,一方面是为了防止输出的电压过大,造成 CPG 被烧坏,另一方面是防止 CPG 产生的热量过大而造成其自身的电阻值变化,进而影响试验数据的准确性。这种方法既可以保证恒压源自身能够产生稳定的电压,又能保证 CPG 两端的电压不至于过大而影响测量精度或者被烧坏。

试验过程中裂纹会从切槽尖端开始断裂,然后逐渐扩展至加载端。那么裂纹扩展计中电阻最小的栅丝会最先被拉断,随着载荷的增加,远离裂纹尖端的栅丝依次逐渐断裂,最终造成 CPG 整体被拉断。由于每根栅丝具有电阻且电阻值不同,每一根栅丝被拉断的过程中都会造成 CPG 总电阻值变化,进而影响 CPG 与 R_{C2} 并联的总电阻值,其总变化量为:

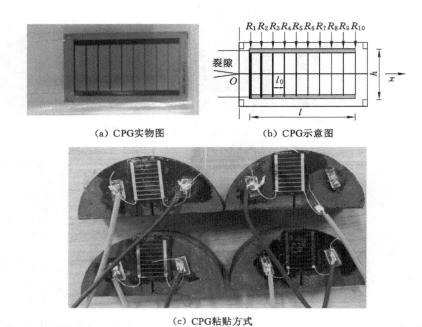

(a) CPG实物图   (b) CPG示意图

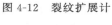

(c) CPG粘贴方式

图 4-12   裂纹扩展计

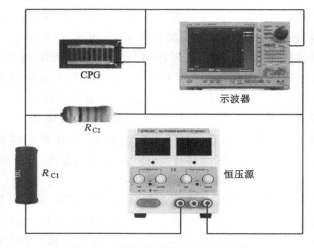

图 4-13   裂纹扩展计(CPG)的电路

$$\Delta R = \cfrac{1}{\sum\limits_{i=m+1}^{10}\cfrac{1}{R_1}+\cfrac{1}{R_{C2}}} - \cfrac{1}{\sum\limits_{i=m}^{10}\cfrac{1}{R_1}+\cfrac{1}{R_{C2}}} \tag{4-8}$$

式中,$m=10$ 时,表示裂纹扩展计全部断裂,此时 CPG 的电阻 $R_{CPG}=R_{11}$,为无穷大。

电阻值的变化会导致示波器采集的 CPG 两端的电压信号发生突变,因此,试验原理是根据电压信号突变的时间来研究裂纹扩展速度。

4.4　动态应力平衡验证及加载速率确定

4.4.1　试样制备

SCB 试样制备严格按照 ISRM 推荐的使用方法[139],试验前首先从煤块中加工直径 50 mm、长度 100 mm 的圆柱体,经过切割和磨削加工成直径约为 50 mm、厚度约为 20 mm 的圆盘试样,试样端面平行度控制在 ±0.02 mm,再将圆盘试样切成两个半圆盘,利用直径 110 mm、厚度 0.10 mm 的超薄金刚石切割片在半圆盘中心处切割出 0.2 倍半径长、宽度约为 0.1 mm 的预制直裂缝,最终获得 SCB 试样,如图 4-14 所示。

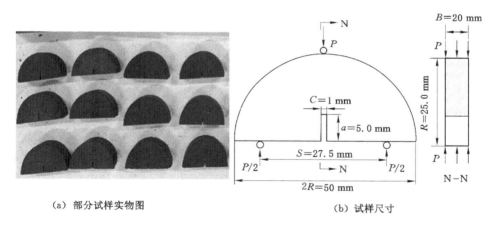

（a）部分试样实物图　　　　　　　　　　　　（b）试样尺寸

图 4-14　试样实物图及尺寸

4.4.2　应力波传播路径及典型信号图

图 4-15 为实验室测试及应力波传播路径示意图。由图 4-15 可以看出:冲头冲击入射杆后会产生应力波,应力波在入射杆中传播,当经过 192 μs 时,应力

波达到入射杆上应变片 SG1 处,然后再经过 384 μs,到达试样左端。

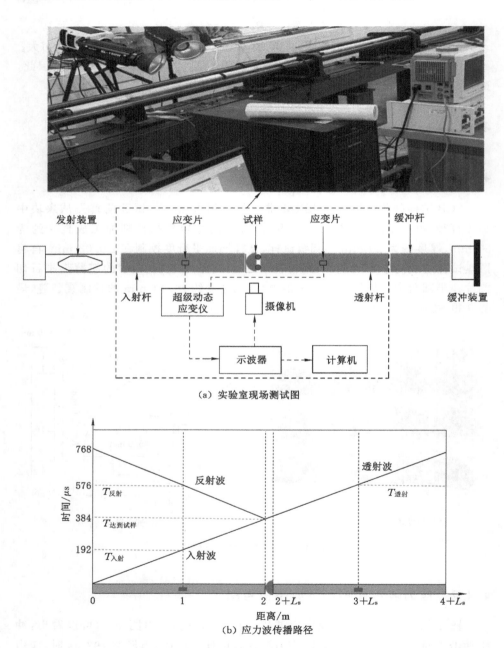

(a) 实验室现场测试图

(b) 应力波传播路径

图 4-15   实验室测试及应力波传播路径示意图

　　应力波到达试样端部后,一部分反射形成反射波返回入射杆,部分应力波在试样内部传播,经过一定时间后到达透射杆应变片 SG2。应力波在试样内部传播过程中,由于试样裂纹尖端会产生应力集中,试样首先会从尖端开始断裂,断裂过程中试样表面贴好的 CPG 电阻丝也会随着断裂,进而造成 CPG 电压变化。图 4-16 为典型的应力波及 CPG 信号图,从图中可以看出:入射波近似半正弦波形,曲线光滑,没有出现明显的 P-C 振荡,各个信号均连续稳定,CPG 信号也呈现阶梯式变化。

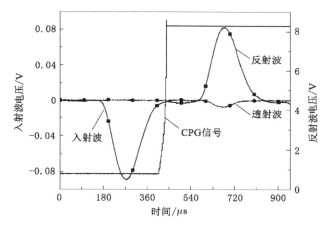

图 4-16　典型应力波和 CPG 信号图

　　根据 ISRM 推荐的测试方法,NSCB 煤样的 I 型断裂韧度可以根据以下公式进行计算[139]:

$$K_{Id} = Y'(\alpha_a) P_{max} S / (BR^{3/2}) \tag{4-9}$$

式中,$P(t)$ 为随时间变化的加载力;$Y'(\alpha_a)$ 为试样几何构型的无量纲函数,与人工预制裂缝长度和试样半径有关。

　　当 $\alpha_a = 0.55$ 时[139]:

$$Y' = 0.467 + 3.9094\alpha_a - 8.7634\alpha_a^2 + 16.845\alpha_a^3 \tag{4-10}$$

　　基于一维应力波理论,作用于入射杆和透射杆端面的作用力分别为:

$$P_1 = A_e E_e [\varepsilon_I(t) + \varepsilon_R(t)] \tag{4-11}$$

$$P_2 = A_e E_e \varepsilon_R(t) \tag{4-12}$$

式中　E_e——压杆的弹性模量;

　　　　A_e——杆的横截面面积;

　　　　$\varepsilon_I(t),\varepsilon_R(t),\varepsilon_T(t)$——通过粘贴在入射杆上的应变片所监测到的入射波、反射波和透射波信号。

试样两端的平均加载力 $P(t)$ 为：

$$P(t) = (P_1 + P_2)/2 = A_e E_e [\varepsilon_I(t) + \varepsilon_R(t) + \varepsilon_T(t)]/2 \tag{4-13}$$

假定在动载中试样两端达到应力平衡，则可以忽略惯性效应，即

$$\varepsilon_I(t) + \varepsilon_R(t) = \varepsilon_T(t)^3 \tag{4-14}$$

将式(4-13)代入式(4-12)得到：

$$P(t) = A_e E_e \varepsilon_T(t)^3 \tag{4-15}$$

在应力平衡条件下，可将式(4-14)代入式(4-8)计算 NSCB 煤试样动态断裂韧度。

因此，动态试验中，试样在应力平衡前破坏时是保证试验结果可靠性的必要条件，本书首先分析不同含水煤试样应力平衡情况。

4.4.3 动态平衡验证及加载率确定

由 SHPB 试验系统及波的传播特点可知：如果试样破坏之前其两端的应力不平衡，此时试样的惯性效应就不应该被忽略。因此，只有保证试样在破坏之前达到应力平衡，试样的惯性效应才能够被忽略。

图 4-17 为含水率为 1.8% 和 3.6% 的试样的动态平衡情况。由图 4-17(a) 可知：A-2 试样从加载初期至破坏，反射波与入射波的应力之和基本与透射波应力大致相当，这表明含水率为 1.8% 的试样能够达到应力平衡。对于含水率为 3.6% 的试样，如 C-5，在加载初期，反射波与入射波的应力之和基本与透射波应力存在一定的偏差，随着加载时间的增加，应力波会在试样两端来回反透射，直至 56 μs 时，试样的入射波与反射波之和与透射波峰值大致相当，说明试样进入应力平衡阶段，能够保证试验的有效性。应力平衡一直持续到 90 μs，此时透射应力与入射端应力（入射波与反射波之和）相差很小，当试样加载到 90 μs 后，由于试样破坏比较严重，其透射应力逐渐较小，试样与入射杆、透射杆的两端接触会产生变化，这会使得试样两端的受力不均匀。值得注意的是，这些情况都是发生在试样破坏之后，试样破坏之前应力已经平衡，这保证了试验的可靠性。

本书定义时间与动态应力强度因子关系曲线中峰值前近似直线段的斜率为加载率，图 4-18 为 A-2 试样加载率的确定。由图 4-18 可以看出：从 21 μs 到 45 μs 之间，应力强度由因子随着时间增加线性递增，则可以根据定义计算得到加载率为 29.9 GPa·$m^{1/2}$/s。图 4-18 还可以看出试样动态断裂韧度为 1.39 MPa·$m^{1/2}$。

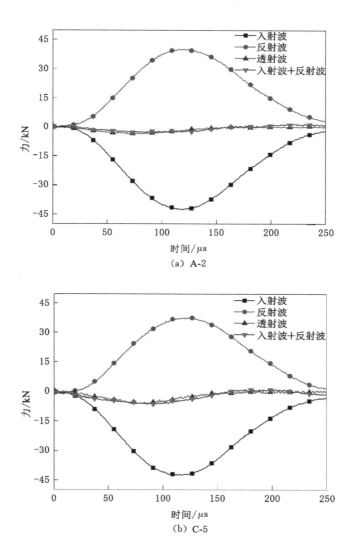

(a) A-2

(b) C-5

图 4-17 动态应力平衡

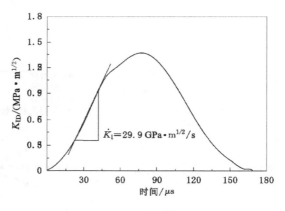

图 4-18　加载率的确定

4.5　动态断裂韧度随加载速率变化规律

　　图 4-19 为动态断裂韧度随加载率的变化规律,表 4-1 为具体的力学参数。由图 4-19 可以看出:三种试样的断裂韧度随着加载率的增大而增大,表现出较强的率相关性。加载率为 $20\sim45$ GPa・$\mathrm{m}^{1/2}$/s 时,含水试样的断裂韧度明显低于干燥试样的,含水率为 3.6% 的试样的断裂韧度最低。加载率大于 45 GPa・$\mathrm{m}^{1/2}$/s 时,含水试样的断裂韧度仍然低于干燥试样的,但是饱水试样有大于干燥试样的趋势,如加载率为 48 GPa・$\mathrm{m}^{1/2}$/s 时,干燥试样的断裂韧度值(2.15 MPa・$\mathrm{m}^{1/2}$)与含水率为 3.6% 的试样的断裂韧度值(2.05 MPa・$\mathrm{m}^{1/2}$)十分接近。

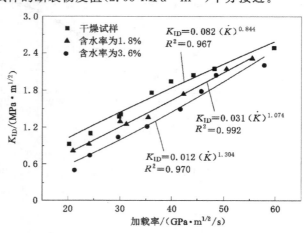

图 4-19　断裂韧度与加载率之间的关系曲线

表 4-1 动态断裂试验力学参数

试样编号	含水率/%	加载率/(GPa·m$^{1/2}$/s)	断裂韧度/(MPa·m$^{1/2}$)
A-1	0	39.9	1.95
A-2	0	29.9	1.38
A-3	0	20.2	0.93
A-4	0	30.2	1.42
A-5	0	36.1	1.76
A-6	0	24.4	1.10
A-7	0	48.2	2.15
A-8	0	44.2	2.05
A-9	0	59.7	2.49
B-1	1.82	21.0	0.82
B-2	1.78	24.0	0.93
B-3	1.81	35.4	1.37
B-4	1.80	30.0	1.30
B-5	1.83	42.2	1.74
B-6	1.84	50.5	2.15
B-7	1.77	31.2	1.26
B-8	1.79	55.5	2.32
C-1	3.61	21.2	0.50
C-2	3.58	24.2	0.74
C-3	3.61	29.7	1.04
C-4	3.56	35.2	1.22
C-5	3.58	41.6	1.50
C-6	3.63	48.5	2.05
C-7	3.62	45.7	1.79
C-8	3.63	57.8	2.21

　　为了定量描述不同含水率试样的断裂韧度随加载率的变化规律,下面采用指数函数关系式对不同加载率时的断裂韧度进行拟合,干燥试样、含水率为

1.8％和3.6％的试样的拟合公式分别如下：

$$K_{ID}=0.082(\dot{K})^{0.844} \quad (R^2=0.967) \tag{4-16}$$

$$K_{ID}=0.031(\dot{K})^{1.074} \quad (R^2=0.992) \tag{4-17}$$

$$K_{ID}=0.012(\dot{K})^{1.304} \quad (R^2=0.970) \tag{4-18}$$

由图4-19可以看出：含水率为3.6％的试样对加载率的敏感性明显高于其他两种试样，随着加载率的增大，饱和试样的断裂韧度可能会大于干燥试样的，表现出增强作用。国内外许多学者发现饱水岩石具有类似规律，动载作用下水对煤样的增强机理在接下来的章节中会进行详细讨论。当然，如果加载率特别大，试样可能从入射杆接触的端部开始破坏，与预制的裂纹关系不大，这与断裂韧度测量原理相悖。

4.6　水对煤样裂纹扩展速率的影响

图4-20为加载率为29.9 GPa·m$^{1/2}$/s时的干燥试样、含水率为1.8％和3.6％的试样表面上CPG电压信号以及电压信号对时间的导数。从图4-20可以看出：三种试样的电压信号都是呈阶梯状逐渐上升。根据上述CPG测试原理，每断裂1根电阻丝，其总的电压值会产生相应变化。以干燥试样为例，其初始电压为0.79 V，然后随着电阻丝的断裂，电压逐渐变为1.08 V、1.37 V、1.67 V、1.99 V、2.33 V、2.77 V、3.36 V、4.24 V、5.68 V、8.29 V。为了更加准确地获得电阻丝断裂的实际情况，对CPG电压信号进行求导，则台阶上的突变时间表示CPG相应电阻丝的断裂时间，干燥试样的断裂时间分别为25.9 μs、29.1 μs、31.9 μs、35.7 μs、39.2 μs、43.1 μs、46.6 μs、49.2 μs、52.9 μs。

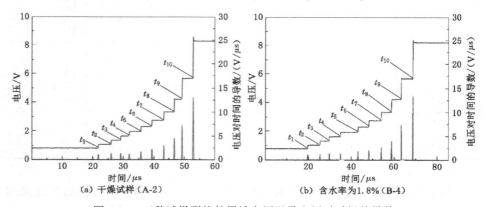

图4-20　三种试样裂纹扩展计电压以及电压对时间的导数

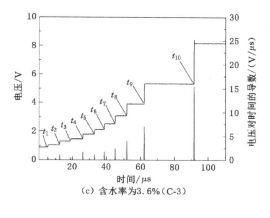

（c）含水率为3.6%（C-3）

图 4-20（续）

由图 4-20 可知：含水试样 CPG 每根电阻丝断裂后电压信号值与干燥试样的大致相当，但是电阻丝之间的断裂时间比干燥试样的有所增加，这间接说明水可能会抑制裂纹的扩展速度。需要说明的是，含水率为 3.6％的试样 CPG 最后 2 个电阻丝断裂时间特别长，最后 1 根电阻丝断裂时间分别 29.3 μs，远大于干燥试样和含水率为 1.8％试样最后 1 根电阻丝断裂时间（3.6 μs，5.4 μs），可能的原因是水导致煤样软化，使其试样加载后期产生次生裂纹，消耗了部分能量，这将在后面根据高清摄像结果进一步讨论。

由于相邻电阻丝的距离固定为 1.5 mm，根据上面得到的电阻丝之间的断裂时间可以得到三种试样的裂纹扩展速度，如图 4-21 所示。散点代表相邻电阻丝之间的速度，虚线代表裂纹扩展平均速度。由图 4-21 可知：三种试样的裂纹扩展速度存在一定的震荡，可能的原因是煤样材料的非均质性，煤样在成岩过程中内部积累了大量的微裂隙、孔洞，应力传播过程中会通过这些缺陷地方，也会通过较为均质的矿物颗粒间，传播介质的差异会引起传播时间不同，进而造成裂纹扩散速度的震荡。

干燥试样裂纹扩展的最小速度为 319.1 m/s，最大扩展速度为 576.9 m/s，平均裂纹扩展速度为 425.9 m/s，干燥试样裂纹扩展速度大多数在平均速度附近，如图 4-21（a）所示。含水率为 1.8％的试样的裂纹最小扩展速度为 185.2 m/s，最大扩展速度为 333.3 m/s，平均裂纹扩展速度为 274.9 m/s，裂纹扩展速度大多数在平均速度附近，如图 4-21（b）所示。从图中可以看出：含水率为 3.6％的试样裂纹传播至导数第 2 根电阻丝时出现了"止裂"现象［图 4-21（c）］，扩展速度明显偏低，为 51.2 m/s。含水率为 3.6％试样的裂纹

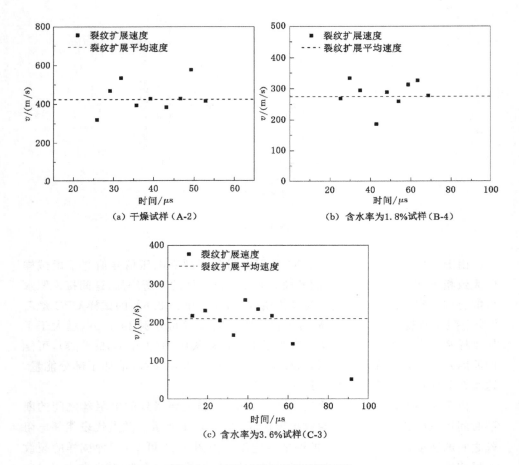

(a) 干燥试样（A-2）

(b) 含水率为1.8%试样（B-4）

(c) 含水率为3.6%试样（C-3）

图 4-21　三种试样的裂纹扩展速度

最大扩展速度为 258.6 m/s。为了更准确地评估裂纹的整体扩展速度,含水试样的平均裂纹扩展速度计算中剔除了最后明显偏低的速度值,获得两种含水试样的平均裂纹扩展速度为 210.6 m/s。根据三种试样的裂纹扩展平均速度值,加载率为 29.9 GPa·$m^{1/2}$/s 时,含水率为 3.6％和 1.8％试样的裂纹扩展平均速度比干燥试样的裂纹扩展平均速度低 50.6％和 35.5％,这表明水能明显降低煤样中裂纹的扩展速度。

图 4-22 为 CPG 的断裂情况,可以看出:裂纹扩展路径并不是一条直线,而是曲折的,其原因是煤样的非均质性。

(a) A-2　　　　　　　　　　　　　　　　(b) B-4

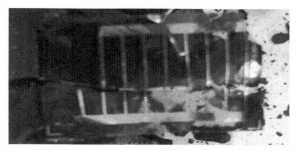

(c) C-3

图 4-22　裂纹扩展路径

4.7　水对煤样破坏模式的影响

图 4-23 为部分试样的破坏模式。由图 4-23 可知:三种试样在冲击载荷作用下都比较破碎,但是饱水煤样破坏后的块径小于干燥试样破坏后的块径,如干燥试样 A-3 和 A-5 都产生了较大粒径的煤块,而含水试样的破坏煤块粒径明显偏小。这与常规压缩下试样的破坏结果类似,这是由于水导致煤样内部颗粒的黏结降低,煤样软化。

为了研究试样在冲击过程中裂纹的起裂、扩展及试样表面变形场特征。本书采用数字图像相关技术(DIC)对三种含水煤试样在冲击加载过程中表面变形场的变化情况进行直观描述。DIC 技术已经应用于岩石材料中[140-141]。Q. B. Zhang 等[141]使用 DIC 技术调查了岩石在三种测试方法下的全场变形特征。J. J. Chen 等[142]研究了陶瓷、花岗岩和有机玻璃的动态拉伸力学特征,基于 DIC 技术分析对比了试样表面应变演化规律。本书在进行试样表面应变场计算时,考虑了图片的

(a) A-3   (b) A-2   (c) A-5

(d) B-4   (e) B-6   (f) B-8

(g) C-2   (h) C-3   (i) C-6

图 4-23 部分试样破坏模式

曝光时间和分辨率情况,采用比较小的图像子区域,并对试样表面全部区域进行逐点计算。试样顶端为入射杆,底端为透射杆,设定加载方向为水平方向。图 4-24 为三种试样动态加载过程中各时刻表面应变云图和实物图,计算区域为试样表面区域,图中为垂直方向应变场,即与加载方向垂直的方向。由图 4-24 可以明显看出:在加载初期,裂纹尖端附近首先出现明显的拉应变集中带,且尖端附近的拉应变值远大于试样端部的拉应变值。随着加载时间的增加,拉应变集中带的应变值逐渐增大,并沿着半圆盘加载中心线方向逐渐向加载端扩展,最后贯穿整个试样。这说明动态载荷作用下,半圆盘煤试样首先从裂纹尖端附近开始起裂,然后逐渐扩展至加载端,这与岩石等材料的半圆盘冲击试验得到的破坏模式一致[143]。

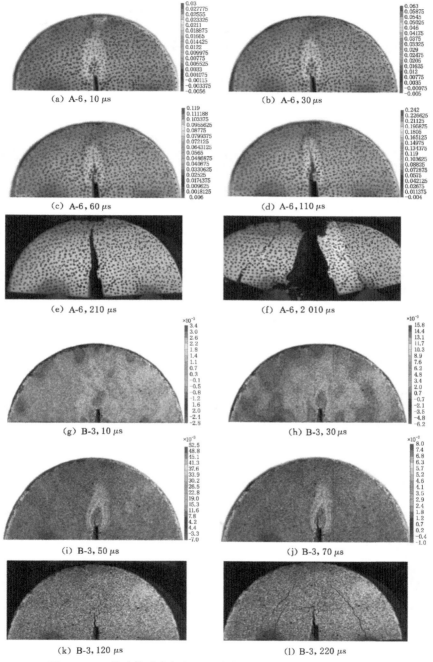

图 4-24 三种试样动态加载过程中各时刻表面应变云图和实物图

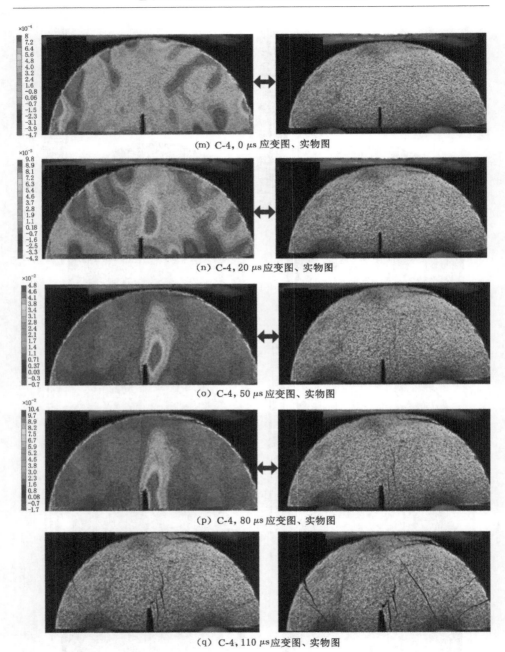

(m) C-4, 0 μs 应变图、实物图

(n) C-4, 20 μs 应变图、实物图

(o) C-4, 50 μs 应变图、实物图

(p) C-4, 80 μs 应变图、实物图

(q) C-4, 110 μs 应变图、实物图

图 4-24(续)

由图 4-24 还可以看出:试样在加载过程中,只有在裂缝尖端周边出现了拉应力区,拉应力区发生明显的局部变化,直到贯通整个试样,最终导致半圆盘结构失稳,但是试件其他部位一直到破坏时变形都比较均匀,特别是垂直于加载方向,并没有出现明显的应力集中,这也表明 DIC 技术能够十分简便地全面把握试样破坏过程中的变形在时间上非均匀性和不连续性的演化过程。

图 4-24 也给出了试样最终的破坏形式,发现试样除了有与加载方向平行的主裂纹以外,还产生了较多的次生裂纹。从高清摄像结果来看,这些次生裂纹大多数是主裂纹出现以后产生的,这并不会影响试验结果的有效性,这与以往岩石的动态断裂研究结果是一致的。出现这种现象的主要原因是试样沿加载方向劈裂破坏后继续加载,入射杆仍压缩两块紧贴的试样,进而导致次生裂纹产生。次生裂纹的数量与分布方式与煤样的非均质性有关。结合图 4-23 可以看出:部分煤样破坏形态很破碎,这一方面与煤样自身非均质性等力学性质有关,另一方面可能是水的软化作用造成冲击过程后期会产生较多的次生裂纹,次生裂纹的产生会消耗部分能量,影响裂纹扩展。基于上述两个方面的原因,可能造成驱动裂纹扩展的能量偏低而无法使裂纹扩展,进而在裂纹尖端远处出现了裂纹止裂现象。

4.8 本章小节

本章基于修改后的 SHPB 试验系统,开展了不同含水煤样的动态断裂试验,并通过裂纹扩展计(CPG)和高清摄像系统监测了裂纹扩展和破坏情况,研究了动力扰动下水对断裂韧度、裂纹扩展速度及破坏模式等力学特性的影响机制。得到以下结论:

(1) 干燥试样、含水率为 1.8% 和 3.6% 试样的断裂韧度随加载率的增大而增大,表现出较强的率相关性。含水试样的断裂韧度值明显低于干燥试样的,含水率为 3.6% 试样的断裂韧度最低。含水率为 3.6% 试样对加载率的敏感性明显高于其他两种试样。

(2) 加载率为 29.9 GPa·m$^{1/2}$/s 时,干燥试样、含水率为 1.8% 和 3.6% 试样的平均扩展速度分别为 425.9 m/s、274.9 m/s、210.6 m/s。含水率为 3.6% 和 1.8% 试样的裂纹扩展平均速度比干燥试样裂纹扩展平均速度低 50.6% 和 35.5%,水能明显降低煤样中裂纹的扩展速度。

(3) 水会促进煤样次生裂纹的产生。冲击载荷作用下,大部分含水煤样产生了较多的次生裂纹,使得破坏后的块径较小。次生裂纹的产生会抑制裂纹的扩展,造成裂纹扩展速度急剧降低,甚至出现止裂现象。

5　含水煤样微细观孔裂隙结构变化对宏观力学性能的影响

　　煤是一种多孔、多裂隙的非均质材料,受成岩和地质作用的影响,其内部分布着大量的裂纹、节理和孔洞等缺陷。煤接触水后会与水发生物理化学反应,使煤内部微细观结构、矿物组分发生改变,裂纹会萌生、扩展和贯通。许多研究表明:岩石内部微细观损伤的累积是其宏观破坏的根本原因[62]。与干燥试样相比,饱水作用后煤样的物理力学参数(视密度、波速、渗透性、强度、断裂韧度、弹性模量以及泊松比等)都发生改变。实际采矿工程中,煤层注水、水力冲孔、地下含水层开采等都会使地下煤样处于不同含水环境中。因此,研究不同含水率时煤的微观损伤演化对预防煤样灾害具有重要的理论意义和实际意义。

　　本章主要通过 SEM 扫描电镜分析不同含水率时的微观结构变化,利用波速测量仪确定不同含水率试样的纵波波速,采用核磁共振技术研究孔隙度、T2谱面积等与孔隙结构的变化,进而分析水对煤样微观损伤演化机理,最后探讨了水对煤样的双重作用机理,从孔隙水压力、物理化学腐蚀和液桥力作用等方面分析水的弱化机理,从惯性作用、裂隙尖端自由水和黏滞应力等方面研究水的增强作用机理。

5.1　基于电镜扫描技术的煤样微观结构特征

　　为了研究煤岩的细观结构特征,利用 JSM-6390LV 电镜对含水后煤样进行了微观结构扫描,如图 5-1 所示。

　　扫描电镜是目前研究材料微细观结构最常用的手段之一,可以高精度、高分辨率下探明材料内部的结构形貌。基于这个特点,扫描电镜已经广泛应用于岩石材料损伤及失稳机理分析。本书采用的 JSM-6390LV 电镜扫描仪,其分辨率可达到 3.0 nm,放大倍数可达到 5～300 000 倍,加速电压为 0.5～30 kV,在探测电流发生变化时,图像的聚焦状态可保持不变,也可以对最大直径 150 mm 的样品进行直接观察。

　　扫描结果如图 5-2 所示,电镜扫描仪的放大倍数为 300。

图 5-1　JSM-6390LV 电镜扫描仪

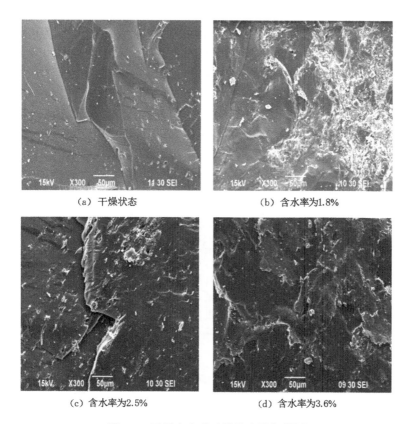

（a）干燥状态　　　　　　　　　（b）含水率为1.8%

（c）含水率为2.5%　　　　　　　　（d）含水率为3.6%

图 5-2　不同含水率时煤的电镜扫描图

由图 5-2 可以看出：干燥状态下煤样内部结构较为清晰，且表面较光滑，没有明显的裂隙。当含水率为 1.8％时，煤样内部清晰可见表面粗糙不平，裂隙和孔隙开始发育，局部区域出现微小孔洞，这表明煤样的完整性出现损伤，内部结构开始松散。随着含水率增大到 2.5％时，出现了很明显的裂隙，裂隙的长度和宽度增大，裂隙的数量逐渐增加。此外，裂隙与裂隙之间贯通，这表明煤样的完整性开始劣化。当煤样饱和后（含水率为 3.6％），内部结构出现明显松散，裂纹的数量明显增多，裂隙长度和宽度进一步增大，裂隙之间的贯通也进一步增强，局部区域出现了片状和针状结构，这表明煤样的完整性已经明显劣化。通过上述分析可以发现：随着含水率的逐渐增大，裂纹的宽度和长度逐渐增大，数量逐渐增多，完整性慢慢变差。

5.2 基于超声波检测仪的纵波波速特征

超声波波速是评估岩石最简单、经济和无损的方法之一，能够很好地反映煤样内部初始裂隙的发育情况。试验采用中国科学院武汉岩土力学研究所生产的 RSM-SY5 型数字式超声波检测仪进行超声波测试，如图 5-3 所示。该仪器采样间隔为 0.1～200 μs，记录长度为 0.5～1 k，发射电压为 500/1 000 V，放大增益为 100 dB。为了保证试验数据的可靠性，试验前在其两端都抹上一层薄薄的均匀的黄油。采样频率设置为 1 μs，脉宽设置为 100 μs，频谱细化参数设置为 1。

图 5-3　RSM-SY5 型数字式超声波检测仪

波速测试对象为第 2 章试验的试样,在进行单轴和常规三轴压缩试验之前对 20 个试样进行了波速测试,达到一定含水率后再次进行波速测试。为了便于比较,图 5-4 给出了浸水前后煤样纵波波速与含水率的关系。浸水前 20 个煤样的纵波波速分布在 2 076~2 265 m/s 之间;含水率为 1.8% 的试样的波速分布在 2 219~2 321 m/s 之间;含水率为 3.6% 的试样的波速分布在 2 356~2 441 m/s 之间。由图 5-4 可知:含水率为 1.8% 时,含水煤样纵波波速比干燥试样的波速略有增大,个别试样与干燥试样波速相同。当含水率为 3.6% 时,含水煤样纵波波速明显大于干燥试样的,这种现象与以往的研究结果相似[144]。与干燥试样相比,含水率为 3.6% 和 1.8% 的试样的纵波波速增大了 9.3%、3.7%。其主要原因是煤样经过浸水后内部微裂隙被水充填,试样整体的刚度变大,行波时间和阻力减小,进而造成波速增大。

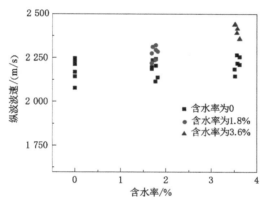

图 5-4 浸水前后煤样纵波波速与含水率的关系图

5.3 基于核磁共振技术的煤样细观结构试验研究

5.3.1 核磁共振基本原理

由于煤具有多孔、多裂隙特性,本书采用低磁场核磁共振技术测量煤的微细观结构。核磁共振技术具有操作简单、成本低、无损等优点,已经广泛用于研究煤或者岩石的孔隙结构。

核磁共振主要是指原子核与外部磁场的相互作用,产生了能级的跃迁和定向的进动[146-147]。当物质处于没有外部磁场的状态时,其原子核具有角动量和静磁矩,如图 5-5(a)所示。如果在物质外部施加一个交变磁场 B_1[图 5-5(b)],

方向与静磁场 B_0 垂直,那么这个交变磁场会使物质原子核产生力矩,使得其自旋轴与交变磁场 B_1 方向一致,迫使其绕静磁场 B_0 进动,产生共振吸收现象。当交变磁场 B_1 撤掉后,物质吸收的能量会被释放处理,然后通过专用线圈就可以得到物质释放出的信号。上述这种吸收和释放过程称为核磁共振。需要说明的是,由于质子在自然界广泛存在,具有较强的信号,灵敏度较高,因此核磁共振技术大多数是以质子为基础进行信号监测的。

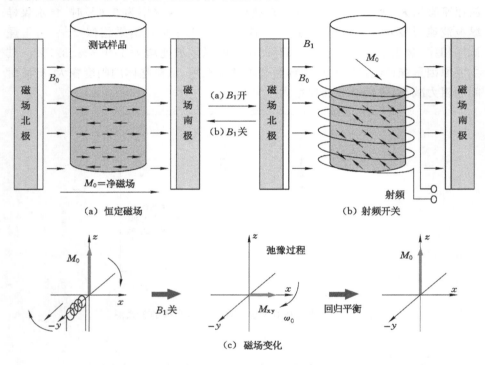

图 5-5　核磁共振原理图[145]

5.3.2　核磁共振弛豫分析

　　射频磁场被撤掉后,系统从高能级的非平衡状态恢复至低能力的平衡状态称为弛豫[148]。如图 5-5(c)所示,射频磁场被撤掉后,x 轴和 y 轴方向的磁场会不断减小,而 z 轴方向的磁场会不断增大,当 x 轴和 y 轴方向的磁场减小至原值的 37% 时所需要的时间为 T_2 弛豫时间,当 z 轴方向磁场增大至原值的 63% 时所需要的时间为 T_1 弛豫时间。不同物质和应力环境 T_1、T_2 弛豫时间也有所不同,这是核磁共振技术分析研究的技术基础。

　　煤是一种孔隙-裂隙双重结构的多孔性有机沉积岩石,内部孔隙发育、结构演化是微细观研究的重要内容。其内部孔隙尺寸等参数很容易通过弛豫测量获得,这也有利于研究水对煤样内部孔隙结构的影响规律。煤样孔隙中的流体弛豫机制可以分为自由弛豫、表面弛豫和扩散弛豫三种。煤样中这三种弛豫同时存在,并且受流体性质的影响。下面简要介绍这三种弛豫机制[145-148]。

　　(1)自由弛豫

　　自由弛豫是液体的固有特性,与液体的物理性质和所处环境因素有关,如流体的黏度、温度和压力等。水的自由弛豫可以表示为:

$$T_{1自由} \approx 3\frac{T_k}{289\eta} \tag{5-1}$$

$$T_{2自由} \approx T_{1自由} \tag{5-2}$$

　　(2)表面弛豫

　　表面弛豫主要发生在煤与液体的接触面,主要受煤样的力学性质的影响,在理想的扩散条件下,表面弛豫可表示为:

$$\frac{1}{T_{2表面}} = \rho_2 \left(\frac{S}{V}\right)_{孔隙} \tag{5-3}$$

$$\frac{1}{T_{1表面}} = \rho_1 \left(\frac{S}{V}\right)_{孔隙} \tag{5-4}$$

式中　ρ_1,ρ_2——表面弛豫强度,$\mu m/ms$;

　　　S,V——孔隙表面积和孔隙体积。

　　由式(5-3)和式(5-4)可以看出:表面弛豫与孔隙表面积的和孔隙体积的比值有关,弛豫强度随着该比值的增大而增大,反之亦然。

　　(3)扩散弛豫

　　在梯度磁场中,采用较长的回波间隔 CPMG 脉冲序列时,某些流体表现出明显的扩散弛豫特性。对于这些流体而言,弛豫时间常数 $T_{扩散}$ 成为流体探测的重要参数。由于扩散对 T_1 弛豫速率基本没有影响,因而扩散弛豫大小可以表示为:

$$\frac{1}{T_{2扩散}} = \frac{D(\gamma G T_E)}{12} \tag{5-5}$$

式中　D——扩散系数;

　　　γ——旋磁比;

　　　G——磁场强度;

　　　T_E——回波时间。

　　结合式(5-1)至式(5-5),可以得到:

$$\frac{1}{T_2} = \frac{1}{T_{2自由}} + \rho_2 \left(\frac{S}{V}\right)_{孔隙} + \frac{D(\gamma G T_E)}{12} \tag{5-6}$$

$$\frac{1}{T_1} = \frac{1}{T_{1自由}} + \rho_1 \left(\frac{S}{V}\right)_{孔隙} \tag{5-7}$$

由于自由弛豫和扩散弛豫远小于表面弛豫,因而式(5-6)可以写成:

$$\frac{1}{T_2} \approx \frac{1}{T_{2表面}} \approx \rho_2 \left(\frac{S}{V}\right)_{孔隙} \tag{5-8}$$

从上述公式可以看出:弛豫时间与孔隙尺寸有关,随着孔隙尺寸的增大而增长。弛豫时间谱面积与孔隙度有关,随着孔隙度的增大而增大。

5.3.3 核磁共振相关参数分析

5.3.3.1 孔隙度分析

煤样内部孔隙体积之和与煤样总体积之比为孔隙度,反映了煤样内部孔隙空间状态。核磁共振技术主要通过探测煤样内部孔隙中的水来测量煤样内部孔隙结构(如孔隙大小、孔隙度)。当煤样内部孔隙充满水时,水体积与内部孔隙体积相同,因而使用核磁共振技术能够准确反映煤样内部孔隙分布情况。

其具体的测量方法:首先通过对核磁共振测量标定量分析(孔隙度根据常规方法得到),然后根据标定样核磁共振测量结果建立孔隙度与核磁共振单位体积信号之间的关系曲线;最后使用该技术测量待测样品,将其单位体积的信号幅度代入关系表达式就可以得到待测样品的孔隙度。

5.3.3.2 T_2 谱分布

核磁共振技术主要通过对饱和煤样开展 GPMG 脉冲序列测试,获得其衰减信号,该信号为不同尺寸孔隙内部水信号的叠加值[149]。自旋回波串衰减幅度可以通过用一组指数衰减曲线的和来进行较为准确的拟合,每个指数曲线会产生不同的衰减常数,所有常数的集合就生成了核磁 T_2 分布。根据共振理论知识可以得知:弛豫时间和煤样内部孔隙大小的分布规律是一致的。孔隙大小 T_2 谱上会存在一个临界值,当煤样内部孔隙大小小于临界值时,流体被称为束缚流体,当孔隙大小大于临界值时,流体被称为可流动流体。

图 5-6 为 T_2 谱图束缚流体和可流动流体。由图 5-6 可知:如果 T_2 图谱分布偏左,说明弛豫时间较短且速度较快,这说明煤样内部孔隙较少,流体基本处于束缚状态,可流动流体较少。如果 T_2 图谱分布偏右,说明弛豫时间较长且速度较低,这说明煤样内部孔隙较多,可流动流体较多。

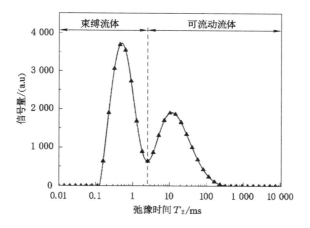

图 5-6 T_2 谱图束缚流体和可流动流体

5.3.3.3 T_2 峰面积

T_2 峰面积是 T_2 谱曲线在横坐标为弛豫时间、纵坐标为信号量的坐标轴上所组成的面积,主要反映材料内部微观的孔隙大小和数量。其中横坐标弛豫时间乘以相关系数可以反映孔隙孔径分布规律。此外,也可以根据 T_2 谱曲线中各个峰值确定不同尺寸孔隙的分布规律。

5.3.4 核磁共振试验设备及准备

核磁共振测试采用苏州纽迈电子科技有限公司 MacroMR12-150H-I 型号的核磁共振分析仪,如图 5-7 所示。该仪器磁体类型:永磁体;磁场强度:0.3 ± 0.05 T;磁体均匀度:35 ppm(150 mm×150 mm×100 mm);射频发射功率:峰值输出大于 300 W,线性失真度小于 0.5%;探头线圈直径:150 mm。磁体温度为 32 ℃。本次试验测试温度为 25.3 ℃,湿度为 56.9%。

本试验主频 12 MHz(1H)左右,氢测试探头内径为 60 mm。试验选取 3 个直径 50 mm、长度 100 mm 的标准圆柱体(编号分别为 H-1、H-2、H-3)进行核磁共振试验。试验前首先对样品进行 T_2 测试,然后 105 ℃烘干 24 h,测试干样 T_2 并记录质量;接着研究不同浸泡时间时煤样的 T_2 测试,干燥试样浸泡水中 4 h(含水率约为 1.8%),测试 T_2 并记录质量;将样品浸泡水中 72 h(含水率约为 3.6%),测试 T_2 并记录质量,最后进行核磁和称重法对比。然后使用核磁共振仪进行弛豫测量。

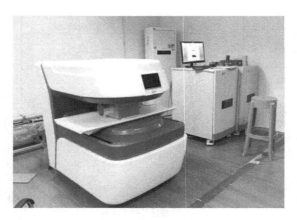

图 5-7　核磁共振设备

5.3.5　试验结果分析

5.3.5.1　核磁共振 T_2 图谱分布曲线分析

图 5-8 为干燥、不同浸水时间煤样的横向弛豫时间 T_2 图谱分布曲线。由图 5-8 可知：煤样 H-1 和 H-3 的 T_2 图谱都分为两个谱峰，煤样 H-2 的 T_2 图谱有 3 个谱峰，但是第 3 个谱峰面积比例非常小，只有 0.03。根据相关文献对煤的孔径进行分类，左侧第 1 谱峰代表煤基质吸附孔隙，为微小孔，而右侧第 2 谱峰代表裂隙特征，为中大孔，第三个谱峰代表煤样中的中等孔隙。如图，第 1 谱峰面积明显大于第 2 谱峰的，表明煤样内部孔隙尺度小而数量较多，裂隙尺度较大而数量较少。

煤样 H-1 和 H-3 的第 1 谱峰弛豫时间 T_2 分布在 0～0.64 ms，信号幅度分布在 0～2 642 之间，H-2 的第 1 谱峰弛豫时间 T_2 分布在 0～1.0 ms，信号幅度分布在 0～3 350 之间，这说明煤样的原始孔隙存在较大差异，也表明煤样的非均质性。

随着浸水时间的增加，3 个试样的第 1 谱峰幅度值明显增大，如 H-1 试样浸水 72 h 和 4 h 后第 1 谱峰幅度值比干燥试样幅度值增大 12.7％、6.6％。第 1 谱峰幅度值除了增高外，而且还往右移。这一方面表明水慢慢进入煤样各个孔隙，另一方面，根据前面电镜扫描结构发现，随着浸水时间的增加，水会成为煤样内部矿物组成成分，特别是黏土矿物发生水物理作用，造成煤样内部结构发生变化，造成小孔隙的萌生，也会使得原有裂隙的扩展，微观裂隙数量会增多，裂隙宽度和长度会增大。因而，核磁信号会随着浸水时间的增加而增强。3 个试样的

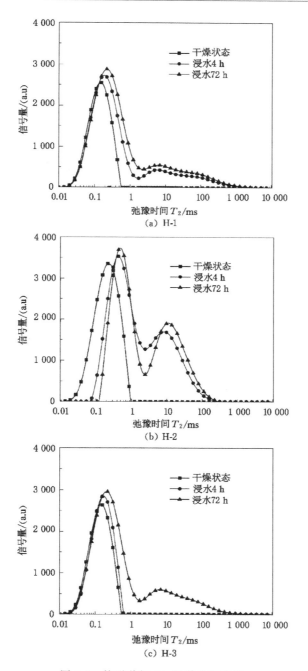

图 5-8 核磁共振 T_2 图谱分布曲线

第2谱峰在干燥、4 h后表现出较弱的信号,但72 h后信号会有所增强,这表明随着浸水时间的增加,煤样内部微小裂纹会扩展、贯通,导致中等裂隙产生,当然,煤样自身也会存在一定的中孔隙。

5.3.5.2 核磁共振孔隙度及谱峰面积分析

根据前面介绍,下面对核磁共振进行定标,进而测得煤样的孔隙度。由于相同检测参数下核磁共振信号量与样品中水的量呈正比,图5-9为H-1试样的核磁共振谱信号与含水率之间的关系,从图中可以看出:信号幅值与含水率呈线性关系,通过拟合得到含水率与核磁共振信号量的关系表达式(图5-9)。

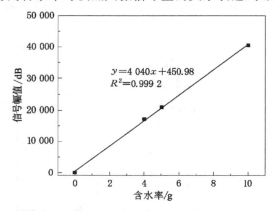

图5-9 核磁共振谱信号与含水率之间的关系

将测试样品测得的信号量代入曲线方程可以求出样品中所含水的量,除以样品体积便得到样品的孔隙度。表5-1为三个试样采用称重法和饱和法测得的孔隙度。由表5-1可知:三个试样通过称重法和饱和法测得的孔隙度的绝对误差分别为0.06%、0.03%、0.30%,这表明核磁共振试验能够有效测量煤样的孔隙度。对三个试样的孔隙度进行平均,得到试验煤样的孔隙度为5.31%。

表5-1 孔隙度的测定

样品	基础数据(称重法)					浸泡状态(饱和法)		
	体积/cm³	干重/g	72 h浸泡	Δm/g	孔隙度	NMR信号总量	水体积/cm³	孔隙度
H-1	195.43	267	277	10	5.12%	40 508.23	9.88	5.06%
H-2	193.22	260	271	11	5.69%	44 890.79	10.94	5.66%
H-4	195.84	263	273	10	5.11%	40 850.98	9.42	4.81%
平均值					5.18%			5.31%

图 5-10 为浸水时间对谱峰面积及第一峰所占比例的影响,表 5-2 为具体的核磁共振峰面积及其峰占比数据。由图 5-10 可以看出:随着浸水时间的增加,谱峰面积首先出现一个快速增加过程,然后随着增加逐渐变缓。如 H-1 试样,浸水时间为 72 h 和 4 h 后的谱峰面积分别比干燥试样的谱峰面积高 65.2% 和 92.1%。但是浸水时间 72 h 只比浸水时间 4 h 高 18.7%。

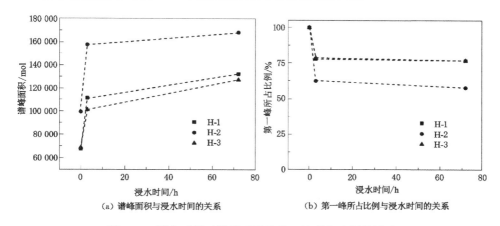

(a) 谱峰面积与浸水时间的关系　　　(b) 第一峰所占比例与浸水时间的关系

图 5-10　浸水时间对谱峰面积及第一峰所在比例的影响

随着浸水时间的增加,第一峰所占比例首先出现一个快速下降过程,然后缓慢降低。如 H-1 试样,浸水时间 72 h 和 4 h 后的第一峰所占比例分别比干燥试样的谱峰面积降低了 21.7% 和 23.1%。但是浸水时间 72 h 只比浸水时间 4 h 降低 1.8%。而第二峰所占比例也随之增加,H-1 试样干燥状态时第二峰比值只占 0.09,但是 4 h 后其比值迅速增大,占 21.76%,H-2 和 H-3 试样也出现了类似的情况,特别是 H-3 试样,出现了第三峰(尽管其比例很小)。根据核磁共振谱峰面积及各峰所占比例分析可知:浸水初期,水与煤样发生较强的物理化学作用,谱峰面积、第二峰所占比例增大幅度较大,第一峰所占比例以较小幅度减小,随着浸入时间的增大,谱峰面积、第二峰所占比例缓慢增大,而第一峰所占比例缓慢减小。

表 5-2　不同浸水时间煤样的核磁共振峰面积及其峰占比

试样编号	浸水时间/h	总峰面积/mol	第 1 峰占比	第 2 峰占比	第 3 峰占比
H-1	0	67 657	99.91	0.09	—
	4	111 768	78.24	21.76	—
	72	132 691	76.85	23.15	—

表5-2（续）

试样编号	浸水时间/h	总峰面积/mol	第1峰占比	第2峰占比	第3峰占比
H-2	0	99 849	100	—	—
	4	157 703	62.61	36.36	0.03
	72	168 306	57.95	42.01	0.04
H-3	0	68 907	99.91	0.09	—
	4	101 624	78.7	21.3	—
	72	127 639	76.98	23.02	—

5.4 水对煤样力学特性的影响机制分析

5.4.1 静载作用下水的弱化机理

E. M. V. Eeckhout[150]认为静载作用下水对岩体弱化的机理主要表现在以下五个方面：① 减小断裂能；② 毛细张力的减小；③ 孔隙压力的增大；④ 摩擦减少；⑤ 化学腐蚀劣化。由第3章试验结果可以证实：由于水的存在，饱水状态下煤样断裂力学性能明显减弱。以下结合煤样多孔、多裂隙的特征，主要针对上述几个方面进行阐述。

5.4.1.1 孔隙水压力的影响

煤是一种多孔、多裂隙介质，一般认为煤样孔隙结构内的自由水在静止平衡状态下没有显著的流动或波动，在渗流过程和外部载荷作用下，孔隙内自由水会产生压力，孔隙水压力是影响煤样力学特性最重要的因素之一。图5-11为三轴压缩条件下岩石体积应变与孔隙水压力的关系图。由图5-11可以看出：岩石中孔隙水压力与岩石的力学特征存在明显的相关性，孔隙水压力随着岩石体积应变变化而变化，岩石体积应变增加，孔隙水压力也随着增加，岩石体积应变相对减小时，孔隙水压力随着减小，甚至可能出现负值的情况。

如果饱水煤样在载荷作用下不易排水或者不排水，由于孔隙水压力的影响，岩石颗粒所承受的压力相应会减小，强度会降低。图5-12(a)为页岩的排水与不排水试验结果，可以发现：在排水的情况下，页岩的峰值强度和轴向应变很高，而不排水情况下峰值强度和轴向应变较低，因此煤样的力学特性会受孔隙压力作用而衰减。图5-12(b)为不同孔隙压力和排水条件下砂岩的峰值强度，不排水条件下，由于孔隙应力的作用，砂岩的峰值强度都低于排水条件下的峰值强度，

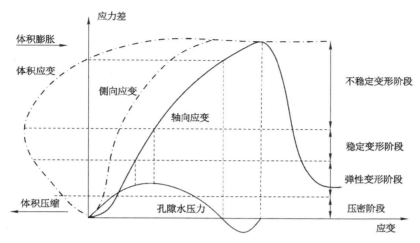

图 5-11　体积应变与孔隙水压力的关系图[151]

再一次证明了孔隙压力对含水岩体的力学特性的影响。

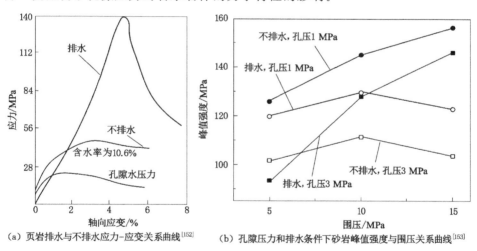

（a）页岩排水与不排水应力-应变关系曲线[152]　　（b）孔隙压力和排水条件下砂岩峰值强度与围压关系曲线[153]

图 5-12　孔隙压力对岩石力学性质的影响

5.4.1.2　物理化学腐蚀劣化

　　与砂岩、大理岩和花岗岩等岩石矿物组成不同,煤的矿物组成主要是黏土矿物,如高岭石、伊利石等,硅元素的含量并不是很多。黏土矿物表具有面积、表面能大等特点,从而使得矿物具有颗粒具有很强的吸附能力。

　　为了研究水对黏土矿物的影响,图 5-13 列出了黏土矿物的吸水过程。干燥状态下,煤样由孔隙、黏土矿物颗粒等组成,如图 5-13(a)所示。当煤样遇水后,水会通过裂隙进入煤样内部,由于高岭石、伊利石等黏土矿物颗粒亲水性较强,与水作用后,水分子进入黏土层间矿物颗粒,形成极化水分子层,由于极化水分子层不断吸水变厚,使得黏土矿物膨胀[图 5-13(b)],导致煤样内部产生不均匀膨胀应力,进一步使得矿物颗粒崩解[图 5-13(c)]。

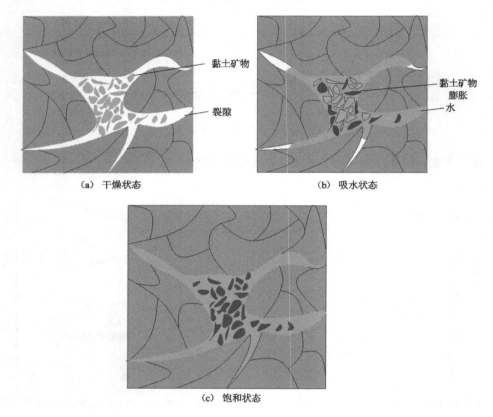

（a）干燥状态　　　　　　　　　　　　　（b）吸水状态

（c）饱和状态

图 5-13　黏土矿物的吸水过程

　　需要说明的是,高岭石和伊利石的膨胀机理并不相同,前者属于胶结膨胀机理,而后者属于分子膨胀机理。高岭石晶体本身没有膨胀性,但是其颗粒表面存在游离价的原子和离子,进而具备形成静电应力场的条件,遇到水分子时,水分子会被静电应力场所吸引,从而使得颗粒增厚,造成其膨胀。伊利石中晶胞之间的连接并没有高岭石的那么紧密,遇到水分子后,晶胞间的连接减弱,其间距会增大,使得伊利石颗粒自身膨胀。朱效嘉[154]发现伊利石与水反应后岩石体积增大 $50\%\sim60\%$,其化学反应过程为:

$$K_{0.9}Al_{2.9}Si_{3.1}O_{10}(OH)_2 + nH_2 \longrightarrow K_{0.9}Al_{2.9}Si_{3.1}O_{10}(OH)_2nH_2O \quad (5\text{-}9)$$

总之,水通过空隙进入煤样内部后会与煤样的黏土矿物发生物理化学作用,并使得颗粒接触边缘的不规则形状、锯齿状变成圆滑状,从而导致煤样力学性能降低。

5.4.1.3 液桥力的作用

液桥力是毛细管差压力、表面张力和黏性力共同作用的结果,是水合物聚集的主导作用力[48]。水合物颗粒表面亲水性强,在含水环境下水分子易被吸附到颗粒表面,进而在颗粒之间形成液桥,使得颗粒受到液桥力的影响,如图 5-14 所示。液桥力主要由静态力和动态力组成,静态液桥力主要由毛细管差压力和表面张力组成,主要与液桥几何形状和颗粒表面的湿润特性有关,而动态液桥力主要是指颗粒之间产生相互运动而挤压、碰撞产生的黏聚力。

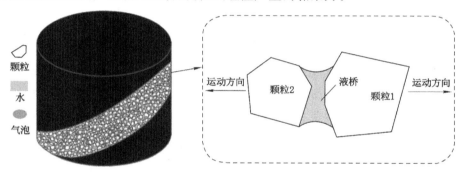

图 5-14 液桥产生示意图

图 5-14 为水合物颗粒间的液桥示意图,据此,国内外许多学者通过理论先后推导出了液桥力的计算公式。C. Chang 等[155]、M. J. Matthewson 等[156]先后推导出了无限容量液体和有限容量液体下液桥力的计算公式。2000 年,P. Olivier 等[157]考虑液体黏度的影响,获得了一个可以准确描述大范围颗粒速度和液体黏度的简单解析表达式,即式(5-10)。不考虑颗粒间的相互移动,并假定颗粒粒径相当,表面张力为 72 MN/m,颗粒半径为 100 μm,根据图 5-15 计算出不同参数时的液桥力。

$$F = 2\pi R\sigma\cos\beta\left(1 - \frac{1}{\sqrt{1 + \frac{2V}{\pi RS^2}}}\right) \quad (5\text{-}10)$$

式中 β——接触角;

V——水量(体积);

S——颗粒之间的距离;

σ——表面张力;

R——颗粒半径。

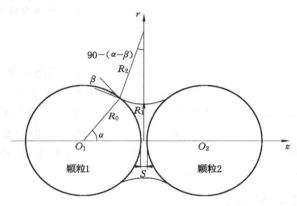

图 5-15　水合物颗粒间的液桥

由图 5-16 可知:不同接触角和水量情况下,液桥力都随着颗粒间距的增大首先出现快速下降,然后缓慢减小,直到趋于某一固定值。这与 Lian 提出的颗粒临近间距的理念相似,即水合物中颗粒间距存在一个临界值,当颗粒之间的间距达到临近间距,液桥力消失。随着接触角的增大,液桥力减小,而随着水量的增加,液桥力随之增大。

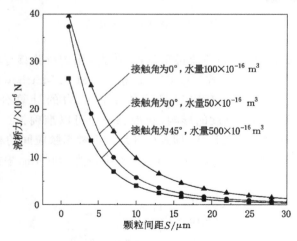

图 5-16　颗粒静态液桥力变化曲线

5.4.2 动载作用下水的增强机理

尽管本书含水煤样的动态断裂韧度偏低,但是从发展趋势来看,如果对试验施加更高的加载率,可能会导致含水煤样的断裂韧度大于自然状态下的值,也就是说,高应变率或者加载率下,水对岩体材料会产生一定的增强作用。类似的例子也不少,如图 5-17 所示,分别是不同加载率下煤[47]、混凝土[78]和砂岩[143]的饱水和干燥状态下的力学特性。从图 5-17 中可以发现:存在一个临界加载率,当低于临界加载率时,饱水试样的强度低于干燥试样的,当加载率大于临界加载率时,饱水试样的强度可能会超过干燥试样的。

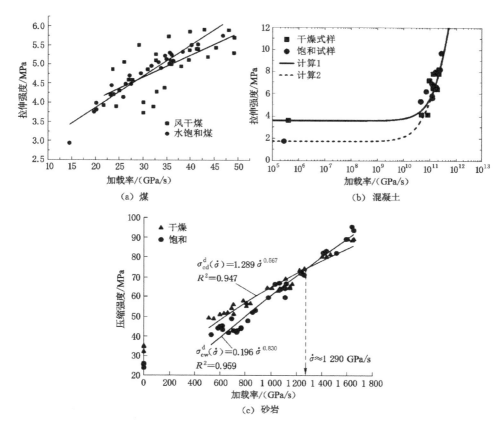

图 5-17 饱水和干燥试样的动态强度

众所周知,静载作用下加载率很小,一般忽略了惯性作用的影响,但是在动载作用下,冲击载荷随着时间迅速变化,惯性作用会抑制裂纹的萌生、扩展,导致岩体强度的增大。试样饱水后，岩体的质量增加，因而产生的惯性效应大于干燥试样的，造成饱水试样的强度大于干燥试样的。特别的，水对岩体材料的增加作用机理还受到以下两个因素的影响。

5.4.2.1　裂隙尖端自由水的影响

含水煤样中的孔隙水压力不仅与煤样自身的体积变形有关，还与裂隙的张开速度有关。当煤样处于体积压缩变形阶段时，煤样的体积变形对孔隙水压力起关键作用，随着含水煤样逐渐损伤，孔隙水压力会有所降低。当损伤达到一定程度后，裂隙的张开速度就会对孔隙水压力起关键作用。如图 5-18（a）所示，静载体积压缩阶段，煤样中的裂隙张开速度较慢，裂隙中的自由水在载荷作用下产生水压力，相当于"楔体"的楔入作用，会导致裂隙的进一步扩展。随着外界载荷的增加，当煤样进入体积扩容阶段时，裂隙的张开速度会有所下降，但是受裂纹表面张力的影响，裂隙中的自由水到达尖端的时间有所增加，但是裂纹尖端的自由水弯月面表面张力仍然会对裂纹产生劈裂拉伸作用。

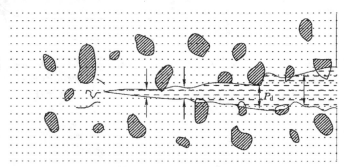

(a) 慢速加载时水到达缝尖

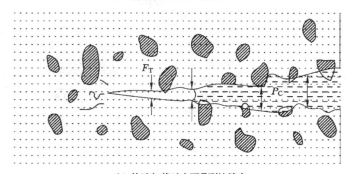

(b) 快速加载时水不易到达缝尖

图 5-18　不同加载速度下裂纹的水压力分布

当含水煤样受到动态载荷作用时,由于动载荷的作用时间远短于静态加载,这会使得煤样裂隙产生较快的张开速度,裂隙中的自由水就不会到达裂缝尖端,此时裂纹尖端就不会产生水弱化等物理化学机制。相反,自由水会在裂纹尖端附近形成一个弯月面,弯月面表面会产生拉伸,这相当于裂隙中自由水存在一个有益拉力,会抑制裂纹的扩展,如图 5-18(b)所示。根据物理学原理,这个有益的拉伸力为[78]:

$$F_{\mathrm{T}} = \frac{2V\gamma\cos\theta}{h^2} \tag{5-11}$$

式中　V——液体的体积;

　　　γ——表面能;

　　　θ——湿润角;

　　　h——动能高度,$h = 2\rho\cos\theta$;

　　　ρ——水的弯月面半径。

5.4.2.2　黏滞应力的影响

由于煤样孔隙和裂纹尺寸较小,表面积很大,动载作用下水的黏性系数会变大,因而分析考虑含水煤样的力学特性,不能忽略水的黏性作用。动力扰动作用下煤样裂隙水主要会引起两种形式的黏滞应力——水与裂纹分离,水与裂纹相对滑移。

(1)水与裂纹分离

如图 5-19 所示力学模型,上下为两块平行的薄板,中间充满黏性液体,当上下薄板以一定的垂直速度离开黏性液体时,黏性液体会产生拉力阻止薄板分离,这就是著名的 Stefan 效应[158]。液体的体积 $V = \pi R^2 h$,那么黏性液体引起的黏滞阻力 F_{v}[158]:

$$F_{\mathrm{v}} = \frac{3\eta V^2}{2\pi h^5}\left(\frac{\mathrm{d}h}{\mathrm{d}t}\right) \tag{5-12}$$

式中　F_{v}——黏滞阻力;

　　　h——薄板间的距离;

　　　η——黏性体的黏滞系数;

　　　$\mathrm{d}h/\mathrm{d}t$——薄板分离速度。

根据 Stefan 效应,在含水煤样中,由图 5-19 中薄板可以看出是煤样骨架,裂隙中的水为黏性液体,那么,根据线性断裂力学理论,裂纹的分离速度与应力率成正比,则有:

$$\sigma_{\mathrm{v}} = \frac{\mathrm{d}h}{\mathrm{d}t}\dot{\varepsilon} \tag{5-13}$$

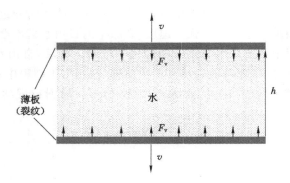

图 5-19　Stefan 效应示意图

式中，$\dot{\varepsilon}$ 为应变率。

从上述公式看出，黏滞阻力与应变率相关，应变率越大，产生的黏滞阻力就越大。这可以解释尽管水会对材料造成一定的损伤，但是在一定程度上，较高的应变率会导致水产生很高的黏滞阻力，可能会导致饱水材料强度的提高。

（2）水与裂纹相对滑移

煤样中裂纹运动过程中，裂隙中的自由水也能产生黏滞阻力抑制裂纹的滑移，如图 5-20 所示。根据黏性牛顿流体方程，黏滞阻力可以表示为[78]：

$$t^{\mathrm{w}} = \frac{F}{A} = \eta\,\frac{U}{h} = \eta\,\frac{\mathrm{d}h}{\mathrm{d}y} \tag{5-14}$$

式中　F,A——载荷和裂缝面积；

　　　U——载荷 F 施加的速度；

　　　$\mathrm{d}h/\mathrm{d}y$——速度梯度；

　　　η——黏性体的黏滞系数。

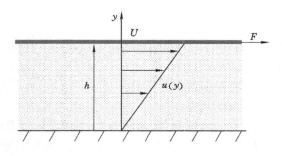

图 5-20　牛顿内摩擦效应示意图

根据国内外研究成果，上述从断裂能、孔隙水压力、物理化学腐蚀和液桥力作用等方面分析了水的弱化机理,从惯性作用、裂隙尖端自由水和黏滞应力等方面研究水的增强作用机理,这表明水具有双重作用效果。

实际饱水环境中,各种作用机理也相互联系,如水使得黏土矿物颗粒膨胀,会造成相邻两颗粒崩解,使得颗粒间距增大,进而造成液桥力减小。此外,水的弱化和增强作用受岩体环境的影响而变化,简单地说,存在临界的应变率或者加载率。当加载率较低时,裂隙尖端自由水会促进裂纹起裂,界面的黏聚力小,此时,水的弱化作用大于增强作用,当加载率较高时,惯性作用、黏滞应力等增强,增强作用大于水的软化,但不管在多大的加载率作用下,水对岩体的作用是多方面的。

5.5　本章小节

本章主要通过 SEM 扫描电镜、超声波测量仪以及核磁共振技术研究了不同含水率时的微细观结构变化,然后从孔隙水压力、物理化学腐蚀和液桥力作用等方面分析了水的弱化机理,阐述黏性矿物吸水作用的三个过程,计算了水分子颗粒之间的液桥。从惯性作用、裂隙尖端自由水和黏滞应力等方面研究水的增强作用机理,主要得到以下结论:

(1)随着含水率的增大,煤样内部微裂隙增多,裂隙宽度和长度增大使贯通性增强,整体完整性变差,煤样饱和后局部出现针状结构和片状结构。

(2)浸水前 20 个煤样的纵波波速分布在 2 076～2 265 m/s 之间,平均值为 2 195.2 m/s。经历不同时间浸水作用后煤样纵波波速均有不同程度增大,与干燥试样相比,含水率为 3.6% 和 1.8% 的试样的纵波波速增加了 9.3%、3.7%。

(3)通过核磁共振技术测得煤样的孔隙度为 5.31%。随着浸水时间的增加,核磁共振 T_2 谱峰值幅度增强,曲线往右移。煤样内部孔隙尺度小而数量较多,裂隙尺度较大而数量较少。

(4)浸水初期,水与煤样发生较强的物理化学作用,谱峰面积、第二峰所占比例增加幅度较大,第一峰所占比例以较小幅度增大,随着浸入时间的增加,谱峰面积、第二峰所占比例缓慢增大,而第一峰所占比例缓慢下降。

(5)实际含水煤样力学性能是水的软化和强化相互作用的结果。当加载率较低时,水使得黏土矿物颗粒膨胀,会造成相邻两颗粒崩解,使得颗粒间距增大,进而造成液桥力减小。裂隙尖端自由水也会促进裂纹起裂,界面的黏聚力变小,水的软化作用占主导地位。当加载率较高时,惯性作用、黏滞应力等作用增强,水的增强作用占主导地位,饱水煤样断裂韧度可能大于干燥试样的。

6 结论、创新点及展望

6.1 结论

本书以"含水煤样＋静/动载荷"失稳断裂为工程背景与研究主题,综合运用理论分析、室内试验和数值模拟等手段,研究含水率为 0、18％、3.6％的煤样单轴和常规三轴压缩试验、巴西劈裂试验下的力学特征,复合断裂静力学特性及水对煤样动态断裂韧度和裂纹扩展速度的影响,最后探讨了煤样饱水后的微细观结构对宏观力学性能的影响机制,主要结论如下:

(1)单轴压缩下强度和弹性模量都随着含水率的增大而逐渐减小,都与含水率呈指数关系。煤样达到饱和状态时,其抗压强度和弹性模量分别下降了48.3％、37.6％。三轴压缩试样的抗压强度和弹性模量都随着围压的增大而增大,含水试样的抗压强度和弹性模量都明显低于干燥试样的。抗压强度和弹性模量损失率随着围压的增大而逐渐减小。

(2)含水率会影响煤样峰后变形行为,干燥试样达到峰值载荷后出现明显的应力跌落现象,而含水试样达到峰值载荷后,应力并没有马上跌落,而是缓慢降低,表现出塑性变形特征。水对煤样的内摩擦角基本没有影响,但含水率为3.6％的煤样的黏聚力比干燥试样的降低了 36.5％。煤样内摩擦角是一个材料参数,而黏聚力是一个结构参数。

(3)煤样试样纯Ⅰ型、纯Ⅱ型断裂韧度随含水率的增大而逐渐减小。含水率为3.6％和1.8％的纯Ⅰ型断裂韧度分别比干燥试样降低44.4％、31.1％,纯Ⅱ型断裂韧度分别比干燥试样的降低 49.0％、37.2％。干燥试样、含水率为1.8％和3.6％的煤试样的 $K_{ⅡC}/K_{ⅠC}$ 值分别为 1.13、1.03、1.04。考虑 T 应力的准则在混合度为 1 和 0.5 时,拟合精度较好。煤试样在不同混合度情况下最大环向应力预测的起裂角都大于实测值,试样起裂角随着含水率的增大逐渐减小。

(4)煤试样的断裂韧度随着加载率的增大而增大,表现出较强的率相关性。含水试样的断裂韧度明显低于干燥试样的,含水率为 3.6％试样的断裂韧度最低。含水率为 3.6% 试样对加载率的敏感性明显高于其他两种试样。加载率为 29.9 GPa·m$^{1/2}$/s 时,干燥试样、含水率 1.8% 和 3.6% 试样的平均扩展速度分别为 425.9 m/s、274.9 m/s、210.6 m/s。含水率为 3.6% 和 1.8% 试样的裂纹扩展平均速度比干燥试样裂纹扩展平均速度偏低 50.6% 和 35.5%,水能明显降低煤样中裂纹的扩展速度。水会促进煤样中次生裂纹的产生。冲击载荷下,大部分含水煤样产生了较多的次生裂纹,使得破坏后的块径较小。多次生裂纹的产生会抑制裂纹的继续扩展,造成裂纹扩展速度急剧降低,甚至出现止裂现象。

(5) 随着含水率的增大,煤样内部微裂隙增多,裂隙宽度和长度增大使贯通性增强,整体完整性变差,煤样饱和后局部出现针状结构和片状结构。经历不同时间浸水作用后煤样纵波波速均不同程度增大,与干燥试样相比,含水率为 3.6% 和 1.8% 的试样的纵波波速增大了 9.3%、3.7%。

(6) 通过核磁共振技术测得煤样的孔隙度为 5.31%。随着浸水时间的增加,核磁共振 T_2 谱峰值幅度增大,曲线往右移。煤样内部孔隙尺度小而数量较多,裂隙尺度较大而数量较少。浸水初期,水与煤样发生较强的物理化学作用,谱峰面积、第二峰所占比例增大幅度较大,第一峰所占比例以较小幅度增大,随着浸入时间的增大,谱峰面积、第二峰所占比例缓慢增大,而第一峰所占比例缓慢下降。

(7) 实际含水煤样力学性能是水的软化作用和强化作用相互作用的结果。当加载率较低时,水使得黏土矿物颗粒膨胀,会造成相邻两颗粒崩解,使得颗粒间距增大,进而造成液桥力减小。裂隙尖端自由水也会促进裂纹起裂,界面的黏聚力变小,水的软化作用占主导地位。当加载率较高时,惯性作用、黏滞应力等作用增强,水的增强作用占主导地位,饱水煤样断裂韧度可能大于干燥试样的。

6.2 创新点

(1) 通过复合断裂力学特性试验研究,获得了不同含水煤样起裂角与实测值之间的关系。

采用 ASCB 试验研究了含水煤样的复合断裂力学特性,获得含水煤样试样纯 I 型、纯 II 型断裂韧度损失率,得到 K_{IIc}/K_{Ic}。分析了考虑 T 应力的复合断裂准则对复合断裂韧度的拟合精度,研究了煤试样在不同混合度情况下根据最大环向应力预测的起裂角与实测值之间的关系。

(2) 基于改进的 SHPB 试验系统,研究了含水煤样的动态断裂力学特性。

利用改进的 SHPB 试验系统,获得了煤试样断裂韧度的率相关性,定量分析了一定加载率下水对动态裂纹扩展速度的影响,得到了不同加载时刻煤样的应变变化特征和破坏行为。

（3）利用核磁共振等技术，获得了含水煤样内部微孔裂隙变化规律，研究了含水煤样中水的弱化机理和增强作用机理。

获得了不同含水率情况下煤样内部微裂隙的变化情况及纵波变化情况，通过核磁共振技术，建立 T_2 谱峰值幅度、谱峰面积、第二峰所占比例与含水率之间的关系，从微观角度探讨了水的弱化机理和增强机理。

6.3　展望

含水煤样断裂力学行为的影响机理是一个十分复杂的过程，随着矿井深部常态化的开采，煤样所处的应力环境越来越复杂。本书主要探讨了动静加载下含水煤样的断裂力学行为。本研究虽然取得了一些有意义的理论成果，但是由于本人才疏学浅，仍有许多问题需进一步研究。

（1）实际煤体往往处于三向不等压的应力情况下，需研究真三轴加载下水和围压对煤变形、强度和破坏特征的影响。

（2）本书试样尺寸与工程煤体相比存在一定的差距，需进一步深入研究含水煤样力学特征在煤矿工程实践中的应用推广。

（3）加强试验结果与工程实际的联系，为防治冲击地压等灾害提供理论支撑。

参 考 文 献

[1] 中国工程院. 中国能源中长期（2030—2050）发展战略研究：节能, 煤炭卷 [M]. 北京：科学出版社, 2011.

[2] 何满潮, 谢和平, 彭苏萍, 等. 深部开采岩体力学研究[J]. 岩石力学与工程学报, 2005, 24(16)：2803-2813.

[3] 谢和平, 彭苏萍, 何满潮. 深部开采基础理论与工程实践[M]. 北京：科学出版社, 2006.

[4] 赵毅鑫. 基于微焦点 CT 的煤岩细观破裂机理研究[M]. 北京：科学出版社, 2013.

[5] 康红普. 煤炭开采与岩层控制的空间尺度分析[J]. 采矿与岩层控制工程学报, 2020, 2(2)：5-30.

[6] 龚爽. 冲击载荷作用下煤的动态拉伸及 I 型断裂力学特性研究[D]. 北京：中国矿业大学（北京）, 2018.

[7] CHEN X J, CHENG Y P. Influence of the injected water on gas outburst disasters in coal mine[J]. Natural hazards, 2015, 76(2)：1093-1109.

[8] LI H L. Research on seepage properties and pore structure of the roof and floor strata in confined water-rich coal seams: taking the Xiaojihan coal mine as an example[J]. Advances incivil engineering, 2018(1)：9483637.

[9] GE S M, LIU M, LU N, et al. Did the Zipingpu Reservoir trigger the 2008 Wenchuan earthquake? [J]. Geophysicalresearch letters, 2009, 36(20)：120315.

[10] 张雨. 韩家洼矿近距离煤层巷道支护技术研究[J]. 能源技术与管理, 2019, 44(3)：68-70.

[11] 房小夏. 韩家洼煤矿煤层防治水评价与措施研究[J]. 煤矿现代化, 2019(5)：90-92.

[12] 李夕兵. 岩石动力学基础与应用[M]. 北京：科学出版社, 2014.

[13] ZHANG Q B, ZHAO J. A review of dynamic experimental techniques and mechanical behaviour of rock materials [J]. Rockmechanics and rock engineering, 2014, 47(4)：1411-1478.

[14] XIA K W,YAO W. Dynamic rock tests using split Hopkinson (Kolsky) bar system-A review[J]. Journal ofrock mechanics and geotechnical engineering,2015,7(1):27-59.

[15] 杨仁树,许鹏,景晨钟,等. 冲击荷载下层状砂岩变形破坏及其动态抗拉强度试验研究[J]. 煤炭学报,2019,44(7):2039-2048.

[16] 蔚立元,朱子涵,孟庆彬,等. 循环加卸载损伤大理岩的动力学特性[J]. 爆炸与冲击,2019,39(8):63-73.

[17] CADONI E. Dynamic characterization of orthogneiss rock subjected to intermediate and high strain rates in tension[J]. Rock mechanics and rock engineering,2010,43(6):667-676.

[18] 李夕兵,古德生. 深井坚硬矿岩开采中高应力的灾害控制与碎裂诱变[C]// 香山第 175 次科学会议.北京:中国环境科学出版社,2002:101-108.

[19] 李夕兵,周子龙,叶州元,等. 岩石动静组合加载力学特性研究[J]. 岩石力学与工程学报,2008,27(7):1387-1395.

[20] 周子龙. 岩石动静组合加载实验与力学特性研究[D]. 长沙:中南大学,2007.

[21] 宫凤强,李夕兵,刘希灵. 一维动静组合加载下砂岩动力学特性的试验研究[J]. 岩石力学与工程学报,2010,29(10):2076-2085.

[22] LUNDBERG B. A split Hopkinson bar study of energy absorption in dynamic rock fragmentation[J]. International journal of rock mechanics and mining sciences & geomechanics abstracts,1976,13(6):187-197.

[23] KLEPACZKO J R,HSU T R,BASSIM M N. Elastic and pseudoviscous properties of coal under quasi-static and impact loadings[J]. Canadian-geotechnical journal,1984,21(2):203-212.

[24] 吴绵拔,高建光. 阳泉煤的动力特性试验研究[J]. 煤炭学报,1987,12(3):31-38.

[25] 单仁亮,程瑞强,高文蛟. 云驾岭煤矿无烟煤的动态本构模型研究[J]. 岩石力学与工程学报,2006,25(11):2258-2263.

[26] 李成武,解北京,杨威,等. 煤冲击破坏过程中的近距离瞬变磁场变化特征研究[J]. 岩石力学与工程学报,2012,31(5):973-981.

[27] 刘晓辉,张茹,刘建锋. 不同应变率下煤岩冲击动力试验研究[J]. 煤炭学报,2012,37(9):1528-1534.

[28] 刘少虹,秦子晗,娄金福. 一维动静加载下组合煤岩动态破坏特性的试验分析[J]. 岩石力学与工程学报,2014,33(10):2064-2075.

［29］ 李明,茅献彪,曹丽丽,等.高应变率下煤力学特性试验研究[J].采矿与安全工程学报,2015,32(2):317-324.

［30］ 张文清,石必明,穆朝民.冲击载荷作用下煤岩破碎与耗能规律实验研究[J].采矿与安全工程学报,2016,33(2):375-380.

［31］ 王登科,刘淑敏,魏建平,等.冲击载荷作用下煤的破坏特性试验研究[J].采矿与安全工程学报,2017,34(3):594-600.

［32］ 王恩元,孔祥国,何学秋,等.冲击载荷下三轴煤体动力学分析及损伤本构方程[J].煤炭学报,2019,44(7):2049-2056.

［33］ 熊德国,赵忠明,苏承东,等.饱水对煤系地层岩石力学性质影响的试验研究[J].岩石力学与工程学报,2011,30(5):998-1006.

［34］ 来兴平,张帅,崔峰,等.含水承载煤岩损伤演化过程能量释放规律及关键孕灾声发射信号拾取[J].岩石力学与工程学报,2020,39(3):433-444.

［35］ LIU Y B,YIN G Z,ZHANG D M,et al. Directional permeability evolution in intact and fractured coal subjected to true-triaxial stresses under dry and water-saturated conditions[J]. International journal of rock mechanics and mining sciences,2019,119:22-34.

［36］ YAO Q L,LI X H,ZHOU J,et al. Experimental study of strength characteristics of coal specimens after water intrusion[J]. Arabianjournal of geosciences,2015,8(9):6779-6789.

［37］ 苏承东,翟新献,魏向志,等.饱水时间对千秋煤矿2♯煤层冲击倾向性指标的影响[J].岩石力学与工程学报,2014,33(2):235-242.

［38］ 潘俊锋,宁宇,蓝航,等.基于千秋矿冲击性煤样浸水时间效应的煤层注水方法[J].煤炭学报,2012,37(增1):19-25.

［39］ 逢焕东,高文乐,杨永杰.注水抑制煤与瓦斯突出的作用研究[J].土木工程学报,2015,48(S2):351-355.

［40］ 王有熙,邓广哲.煤层注水破坏机理的能量耗散分析[J].西安科技大学学报,2013,33(2):143-148.

［41］ 刘谦,黄建滨,倪冠华,等.不同煤级煤液相侵入效应低场核磁共振实验研究[J].煤炭学报,2020,45(3):1108-1115.

［42］ 孟召平,潘结南,刘亮亮,等.含水量对沉积岩力学性质及其冲击倾向性的影响[J].岩土力学工程学报 2009,28(增1):2637-2643.

［43］ HUANG S,XIA K W,YAN F,et al. An experimental study of the rate dependence of tensile strength softening of Longyou sandstone[J]. Rockmechanics and rock engineering,2010,43(6):677-683.

[44] 袁璞,马瑞秋.不同含水状态下煤矿砂岩 SHPB 试验与分析[J].岩石力学与工程学报,2015,34(S1):2888-2893.

[45] 王文,李化敏,顾合龙,等.动静组合加载含水煤样能量耗散特征分析[J].岩石力学与工程学报,2015,34(S2):3965-3971.

[46] 王文,张世威,LIU KAI,等.真三轴动静组合加载饱水煤样动态强度特征研究[J].岩石力学与工程学报,2019,38(10):2010-2020.

[47] ZHAO Y X,LIU S M,JIANG Y D,et al. Dynamic tensile strength of coal under dry and saturated conditions[J]. Rock mechanics and rock engineering,2016,49(5):1709-1720.

[48] GU H L,TAO M,CAO W Z,et al. Dynamic fracture behaviour and evolution mechanism of soft coal with different porosities and water contents [J]. Theoretical and applied fracture mechanics, 2019, 103:102265.

[49] 李世愚,和泰名,尹祥础.岩石断裂力学导论[M].合肥:中国科技大学出版社,2010.

[50] 张盛,王启智,梁亚磊.裂缝长度对岩石动态断裂韧度测试值影响的研究[J].岩石力学与工程学报,2009,28(8):1691-1696.

[51] DAI F,CHEN R,IQBAL M J,et al. Dynamic cracked chevron notched Brazilian disc method for measuring rock fracture parameters[J]. International journal of rock mechanics and mining sciences, 2010, 47 (4): 606-613.

[52] WANG Q Z, ZHANG S, XIE H P. Rock dynamic fracture toughness tested with holed-cracked flattened Brazilian discs diametrically impacted by SHPB and its size effect[J]. Experimental mechanics, 2010, 50 (7): 877-885.

[53] ZHANG Q B,ZHAO J. Effect of loading rate on fracture toughness and failure micromechanisms in marble[J]. Engineering fracture mechanics, 2013,102:288-309.

[54] ZHOU L,ZHU Z M,DONG Y Q,et al. Study of the fracture behavior of mode I and mixed mode Ⅰ-Ⅱ cracks in tunnel under impact loads[J]. Tunnelling andunderground space technology,2019,84:11-21.

[55] 王蒙,朱哲明,谢军.岩石Ⅰ-Ⅱ复合型裂纹动态扩展 SHPB 实验及数值模拟研究[J].岩石力学与工程学报,2015,34(12):2474-2485.

[56] 汪小梦,朱哲明,施泽彬,等.基于 VB-SCSC 岩石试样的动态断裂韧度测试

方法研究[J].岩石力学与工程学报,2018,37(2):302-311.

[57] DONG Y Q,ZHU Z M,ZHOU L,et al. Study of mode Ⅰ crack dynamic propagation behaviour and rock dynamic fracture toughness by using SCT specimens[J]. Fatigue &fracture of engineering materials & structures, 2018,41(8):1810-1822.

[58] 王飞,王蒙,朱哲明,等.冲击荷载下岩石裂纹动态扩展全过程演化规律研究[J].岩石力学与工程学报,2019,38(6):1139-1148.

[59] ZIPF R K Jr,BIENIAWSKI Z T. Mixed-mode fracture toughness testing of coal[J]. International journal of rock mechanics and mining sciences & geomechanics abstracts,1990,27(6):479-493.

[60] 单仁亮,高文蛟,程先锋,等.用短棒试件测试无烟煤的动态断裂韧度[J].爆炸与冲击,2008,28(5):455-461.

[61] 赵毅鑫,孙莊,宋红华,等.煤Ⅰ型动态断裂裂纹扩展规律试验与数值模拟研究[J].煤炭学报,2020,45(12):3961-3972.

[62] 周翠英,邓毅梅,谭祥韶,等.饱水软岩力学性质软化的试验研究与应用[J].岩石力学与工程学报,2005,24(1):33-38.

[63] 纪洪广,蒋华,宋朝阳,等.弱胶结砂岩遇水软化过程细观结构演化及断口形貌分析[J].煤炭学报,2018,43(4):993-999.

[64] 宋朝阳,纪洪广,刘志强,等.饱和水弱胶结砂岩剪切断裂面形貌特征及破坏机理[J].煤炭学报,2018,43(9):2444-2451.

[65] 宋勇军,张磊涛,任建喜,等.基于核磁共振技术的弱胶结砂岩干湿循环损伤特性研究[J].岩石力学与工程学报,2019,38(4):825-831.

[66] ZHOU Z L,CAI X,CAO W Z,et al. Influence of water content on mechanical properties of rock in both saturation and drying processes[J]. Rock mechanics and rock engineering,2016,49(8):3009-3025.

[67] 王俐,杨春和.不同初始饱水状态红砂岩冻融损伤差异性研究[J].岩土力学,2006,27(10):1772-1776.

[68] 尹晓萌,晏鄂川,王鲁男,等.水与微观结构对片岩波速各向异性特征的影响及其机制研究[J].岩土力学,2019,40(6):2221-2230.

[69] HUANG J X,HU G Z,XU G,et al. The development of microstructure of coal by microwave irradiation stimulation[J]. Journal of natural gas science and engineering,2019,66:86-95.

[70] QIN L,ZHAI C,LIU S M,et al. Changes in the petrophysical properties of coal subjected to liquid nitrogen freeze-thaw-A nuclear magnetic

resonance investigation[J]. Fuel,2017,194:102-114.

[71] 王长盛,翟培城,王林森,等. 基于 Micro-CT 技术的煤岩裂隙精细表征[J]. 煤炭科学技术,2017,45(4):137-142.

[72] 王登科,曾凡超,王建国,等. 显微工业 CT 的受载煤样裂隙动态演化特征与分形规律研究[J]. 岩石力学与工程学报,2020,39(6):1165-1174.

[73] 聂百胜,何学秋,王恩元,等. 煤吸附水的微观机理[J]. 中国矿业大学学报,2004,33(4):379-383.

[74] 高正阳,杨维结. 不同煤阶煤分子表面吸附水分子的机理[J]. 煤炭学报,2017,42(3):753-759.

[75] GU H L,TAO M,LI X B,et al. Dynamic response and failure mechanism of fractured coal under different soaking times [J]. Theoretical and applied fracture mechanics,2018,98:112-122.

[76] 王文. 含水煤样动静组合加载力学响应试验研究[D]. 焦作:河南理工大学,2016.

[77] 杜彬,白海波,马占国,等. 干湿循环作用下红砂岩动态拉伸力学性能试验研究[J]. 岩石力学与工程学报,2018,37(7):1671-1679.

[78] WANG H L,JIN W L,LI Q B. Saturation effect on dynamic tensile and compressive strength of concrete[J]. Advances instructural engineering,2009,12(2):279-286.

[79] ZHENG D,LI Q B. An explanation for rate effect of concrete strength based on fracture toughness including free water viscosity[J]. Engineering fracture mechanics,2004,71(16/17):2319-2327.

[80] 王斌,李夕兵,尹土兵,等. 饱水砂岩动态强度的 SHPB 试验研究[J]. 岩石力学与工程学报,2010,29(5):1003-1009.

[81] 周子龙,蔡鑫,周静,等. 不同加载率下水饱和砂岩的力学特性研究[J]. 岩石力学与工程学报,2018,37(增 2):4069-4075.

[82] 张农,李希勇,郑西贵,等. 深部煤炭资源开采现状与技术挑战[C]// 全国煤矿千米深井开采技术. 泰安,2013:10-31.

[83] 潘一山. 煤与瓦斯突出、冲击地压复合动力灾害一体化研究[J]. 煤炭学报,2016,41(1):105-112.

[84] 刘明举,潘辉,李拥军,等. 煤巷水力挤出防突措施的研究与应用[J]. 煤炭学报,2007,32(2):168-171.

[85] 黄炳香,程庆迎,刘长友,等. 煤岩体水力致裂理论及其工艺技术框架[J]. 采矿与安全工程学报,2011,28(2):167-173.

［86］ SONG D Z,WANG E Y,LIU Z T,et al. Numerical simulation of rock-burst relief and prevention by water-jet cutting［J］. International journal of rock mechanics and mining sciences,2014,70:318-331.

［87］ JIANG Y D,ZHAO Y X,WANG H W,et al. A review of mechanism and prevention technologies of coal bumps in China［J］. Journal of rock mechanics and geotechnical engineering,2017,9(1):180-194.

［88］ VAN EECKHOUT E M,PENG S S. The effect of humidity on the compliances of coal mine shales［J］. International journal of rock mechanics and mining sciences & geomechanics abstracts,1975,12(11):335-340.

［89］ IVERSON R M. Landslide triggering by rain infiltration［J］. Waterresources research,2000,36(7):1897-1910.

［90］ LI H L. Research on seepage properties and pore structure of the roof and floor strata in confined water-rich coal seams:taking the Xiaojihan coal mine as an example［J］. Advancesin civil engineering,2018(1):9483637.

［91］ 刘忠锋,康天合,鲁伟,等.煤层注水对煤体力学特性影响的试验［J］.煤炭科学技术,2010,38(1):17-19.

［92］ 张辉,程利兴,苏承东,等.饱水煤样巴西劈裂强度和能量特征试验研究［J］.中国安全生产科学技术,2015,11(12):5-10.

［93］ 于岩斌,周刚,陈连军,等.饱水煤岩基本力学性能的试验研究［J］.矿业安全与环保,2014,41(1):4-7.

［94］ 何满潮,赵菲,杜帅,等.不同卸载速率下岩爆破坏特征试验分析［J］.岩土力学,2014,35(10):2737-2747.

［95］ 中国电力企业联合会.水利水电工程岩石试验规程:SL 264—2001［S］.北京:中国水利水电出版社,2001.

［96］ KURUPPU M D,OBARA Y,AYATOLLAHI M R,et al. ISRM-suggested method for determining the mode I static fracture toughness using semi-circular bend specimen［J］. Rock mechanics and rock engineering,2014,47(1):267-274.

［97］ ISRM. Suggested methods for determining tensile strength of rock materials［J］. International journal of rock mechanics and mining sciences & geomechanics abstracts,1978,15(3):99-103.

［98］ MISHRA D A,BASU A. Use of the block punch test to predict the compressive and tensile strengths of rocks［J］. International journal of rock mechanics and mining sciences,2012,51:119-127.

[99] WANG Q Z,JIA X M,KOU S Q,et al. The flattened Brazilian disc specimen used for testing elastic modulus,tensile strength and fracture toughness of brittle rocks:analytical and numerical results[J]. International journal of rock mechanics and mining sciences,2004,41(2):245-253.

[100] LI D Y,WONG L N Y. The Brazilian disc test for rock mechanics applications:review and new insights[J]. Rockmechanics and rock engineering,2013, 46(2):269-287.

[101] 叶剑红,杨洋,常中华,等. 巴西劈裂试验应力场解析解应力函数解法[J]. 工程地质学报,2009,17(4):528-532.

[102] HAWKINS A B,MCCONNELL B J. Sensitivity of sandstone strength and deformability to changes in moisture content[J]. Quarterly journal of engineering geology,1992,25(2):115-130.

[103] DIEDERICHS M S,KAISER P K,EBERHARDT E. Damage initiation and propagation in hard rock during tunnelling and the influence of near-face stress rotation[J]. International journal of rock mechanics and mining sciences,2004,41(5):785-812.

[104] ISTM. Suggested methods for determining the fracture toughness of rock[J]. International journal of rock mechanics and mining sciences & geomechanics abstracts,1988,25(2):71-96.

[105] FOWELL R J. Suggested method for determining mode I fracture toughness using Cracked Chevron Notched Brazilian Disc (CCNBD) specimens[J]. International journal of rock mechanics and mining sciences & geomechanics abstracts,1995,32(1):57-64.

[106] CHONG K P,KURUPPU M D. New specimen for fracture toughness determination for rock and other materials[J]. International journal of fracture,1984,26(2):r59-r62.

[107] KURUPPU M D,CHONG K P. Fracture toughness testing of brittle materials using semi-circular bend (SCB) specimen[J]. Engineering fracture mechanics,2012,91:133-150.

[108] LIM I L,JOHNSTON I W,CHOI S K,et al. Fracture testing of a soft rock with semi-circular specimens under three-point bending. Part 2-mixed-mode[J]. International journal of rock mechanics and mining sciences & geomechanics abstracts,1994,31(3):199-212.

[109] AYATOLLAHI M R,ALIHA M R M,SAGHAFI H. An improved

semi-circular bend specimen for investigating mixed mode brittle fracture[J]. Engineering fracture mechanics,2011,78(1):110-123.

[110] ALIHA M R M, BEHBAHANI H, FAZAELI H, et al. Study of characteristic specification on mixed mode fracture toughness of asphalt mixtures[J]. Construction and building materials,2014,54:623-635.

[111] ALIHA M R M,RAZMI A,MANSOURIAN A. The influence of natural and synthetic fibers on low temperature mixed mode Ⅰ + Ⅱ fracture behavior of warm mix asphalt（WMA）materials[J]. Engineering fracture mechanics,2017,182:322-336.

[112] MARSAVINA L,CONSTANTINESCU D M,LINUL E, et al. Refinements on fracture toughness of PUR foams[J]. Engineering fracture mechanics,2014,129:54-66.

[113] IRWIN G R. Analysis of stresses and strains near the end of a crack traversing a plate [J]. Journal of applied mechanics, 1957, 24 (3): 361-364.

[114] BRIAN LAW. 脆性固体断裂力学[M]. 2 版. 龚江宏,译. 北京:高等教育出版社,2010.

[115] RICE J R. A path independent integral and the approximate analysis of strain concentration by notches and cracks [J]. Journal of applied mechanics,1968,35(2):379.

[116] ERDOGAN F,SIH G C. On the crack extension in plates under plane loading and transverse shear[J]. Journal of basic engineering, 1963, 85(4):519-525.

[117] SIH G C. Strain-energy-density factor applied to mixed mode crack problems[J]. International journal of fracture,1974,10(3):305-321.

[118] PALANISWAMY K, KNAUSS W G. Propagation of a crack under general,in-plane tension[J]. International journal of fracture mechanics, 1972,8(1):114-117.

[119] HUSSAIN M A,PU S L,UNDERWOOD J. Strain energy release rate for a crack under combined mode I and mode II[M]//National Symposium on Fracture Mechanics. 100 Barr Harbor Drive, PO Box C700, West Conshohocken,PA 19428-2959:ASTM International,2009:2-2-27.

[120] UEDA Y. Characteristics of brittle fracture under general combined modes[C]//Proceedings of ICF International Symposium on Fracture

Mechanics. Science Press,Beijing:[s. n.],1983.

[121] SMITH D J,AYATOLLAHI M R,PAVIER M J. The role ofT-Stress in brittle fracture for linear elastic materials under mixed-mode loading [J]. Fatigue & fracture of engineering materials & structures,2001, 24(2):137-150.

[122] SCHMIDT R A,LUTZ T J. KIc and JIc of westerly granite-effects of thickness and In-plane dimensions[M]//Fracture Mechanics Applied to Brittle Materials. London:ASTM International100 Barr Harbor Drive, PO Box C700,West Conshohocken,PA 19428-2959,1979:166-182.

[123] WEI M D,DAI F,XU N W,et al. Experimental and numerical study on the fracture process zone and fracture toughness determination for ISRM-suggested semi-circular bend rock specimen [J]. Engineering fracture mechanics,2016,154:43-56.

[124] SCHMIDT R A. A microcrack model and its significance to hydraulic fracturing and fracture toughness testing[C]// The 21st US Symposium on Rock Mechanics (USRMS). American rock mechanics association,1980.

[125] SINGH D,SHETTY D K. Fracture toughness of polycrystalline ceramics in combined mode I and mode II loading [J]. Journal ofthe American ceramic society,1989,72(1):78-84.

[126] SINGH D,SHETTY D K. Microstructural effects on fracture toughness of polycrystalline ceramics in combined mode I and mode II loading [J]. Journal of engineering for gas turbines and power,1989,111(1): 174-180.

[127] AYATOLLAHI M R,ALIHA M R M. Fracture analysis of some ceramics under mixed mode loading [J]. Journal of the American ceramic society,2011,94(2):561-569.

[128] AYATOLLAHI M R,SISTANINIA M. Mode fracture study of rocks using Brazilian disk specimens[J]. International journal of rock mechanics and mining sciences,2011,48(5):819-826.

[129] 赵毅鑫,孙庄,刘斌.忻州窑烟煤 I 型和 II 型断裂特性的半圆弯曲试验对比研究[J].岩石力学与工程学报,2019,38(8):1593-1604.

[130] 康亚明,刘长武,陈义军,等.水压轴压联合作用下煤岩的统计损伤本构模型研究[J].西安建筑科技大学学报(自然科学版),2009,41(2):180-186.

[131] HASHIBA K,FUKUI K. Effect of water on the deformation and failure

of rock in uniaxial tension[J]. Rock mechanics and rock engineering, 2015,48(5):1751-1761.

[132] HOPKINSON B. X. A method of measuring the pressure produced in the detonation of high, explosives or by the impact of bullets[J]. Philosophical Transactions of the Royal Society of London Series A, Containing Papers of a Mathematical or Physical Character, 1914, 213 (497/498/499/500/501/502/503/504/505/506/507/508):437-456.

[133] CHEN W W, SONG B. Split Hopkinson (kolsky) bar[M]. Borlin: Springer US, 2011.

[134] BAKER W E, YEW C H. Strain-rate effects in the propagation of torsional plastic waves [J]. Journal of applied mechanics, 1966, 33 (4):917.

[135] NICHOLAS T. Tensile testing of materials at high rates of strain[J]. Experimental mechanics, 1981, 21(5):177-185.

[136] KUMAR A. The effect of stress rate and temperature on the strength of basalt and granite[J]. Geophysics, 1968, 33(3):501-510.

[137] CHRISTENSEN R J, SWANSON S R, BROWN W S. Split-hopkinson-bar tests on rock under confining pressure[J]. Experimental mechanics, 1972, 12(11):508-513.

[138] 王礼立. 应力波基础[M]. 2 版. 北京:国防工业出版社, 2005.

[139] ZHOU Y X, XIA K, LI X B, et al. Suggested methods for determining the dynamic strength parameters and mode-I fracture toughness of rock materials [J]. International journal of rock mechanics and mining sciences, 2012, 49:105-112.

[140] NGUYEN T L, HALL S A, VACHER P, et al. Fracture mechanisms in soft rock: identification and quantification of evolving displacement discontinuities by extended digital image correlation [J]. Tectonophysics, 2011, 503(1/2):117-128.

[141] ZHANG Q B, ZHAO J. Determination of mechanical properties and full-field strain measurements of rock material under dynamic loads[J]. International journal of rock mechanics and mining sciences, 2013, 60: 423-439.

[142] CHEN J J, GUO B Q, LIU H B, et al. Dynamic Brazilian test of brittle materials using the split Hopkinson pressure bar and digital image

correlation[J]. Strain,2014,50(6):563-570.

[143] ZHOU Z L,CAI X,MA D,et al. Water saturation effects on dynamic fracture behavior of sandstone[J]. International journal of rock mechanics and mining sciences,2019,114:46-61.

[144] 夏冬,常宏,卢宏建,等. 浸水时间对饱水岩石纵波波速影响的试验研究[J]. 矿业研究与开发,2016,36(1):68-71.

[145] 秦雷. 液氮循环致裂煤体孔隙结构演化特征及增透机制研究[D]. 徐州:中国矿业大学,2018.

[146] KENYON W E. Petrophysical principles of applications of NMR logging[J]. Loganalyst,1997,38(2):21-40.

[147] KENYON W E. Nuclear magnetic resonance as a petrophysical measurement[J]. Nucl geophys,1992,6:153-171.

[148] 李杰林,周科平,张亚民,等. 基于核磁共振技术的岩石孔隙结构冻融损伤试验研究[J]. 岩石力学与工程学报,2012,31(6):1208-1214.

[149] 孟祥喜. 水岩作用下岩石损伤演化规律基础试验研究[D]. 青岛:山东科技大学,2018.

[150] VAN EECKHOUT E M. The mechanisms of strength reduction due to moisture in coal mine shales[J]. International journal of rock mechanics and mining sciences & geomechanics abstracts,1976,13(2):61-67.

[151] 王海龙,李庆斌. 湿态混凝土抗压强度与本构关系的细观力学分析[J]. 岩石力学与工程学报,2006,25(8):1531-1536.

[152] 徐志英. 岩石力学[M]. 北京:中国水利电力出版社,1981.

[153] 王伟,陈曦,田振元,等. 不同排水条件下砂岩应力渗流耦合试验研究[J]. 岩石力学与工程学报,2016,35(S2):3540-3551.

[154] 朱效嘉. 软岩的水理性质[J]. 矿业科学技术,1996,24(3):46-50.

[155] CHANG C D,HAIMSON B. Effect of fluid pressure on rock compressive failure in a nearly impermeable crystalline rock:implication on mechanism of borehole breakouts[J]. Engineering geology,2007,89(3/4):230-242.

[156] MATTHEWSON M J. Adhesion of spheres by thin liquid films[J]. Philosophical magazine,Part A,1988,57(2):207-216.

[157] PITOIS O,MOUCHERONT P,CHATEAU X. Liquid bridge between two moving spheres:an experimental study of viscosity effects[J]. Journal of colloid and interface science,2000,231(1):26-31.

[158] ROSSI P. A physical phenomenon which can explain the mechanical behaviour of concrete under high strain rates[J]. Materials andstructures,1991,24(6):422-424.